フード・マイレージ 新版

あなたの食が地球を変える

food-mileage

Tokyo

New Orleans

中田哲也
Nakata Tetsuya

日本評論社

フード・マイレージ〔新版〕

あなたの食が地球を変える

food mileage

はじめに

先日、次のような経験をした。

ある土曜日の昼頃、自宅のある都下のH市から都心に向かう電車に乗った。そう混雑はしていないが座席はほぼ満席で、私はドア際に立っていた。次の駅でドアが開き、三歳くらいの男の子を連れた若いカップルが乗り込んできた。左右を見渡し、席が空いていないのを確認すると、まっすぐ私の方に近づいてきた。若いお父さんは、有名なファストフード店のマークの入った紙袋を下げ、それから揚げ物の芳しい匂いがしている。嫌な予感がした。お父さんは立ったままおもむろに袋を開け、こちらも立ったままの子どもにフライドポテトを与えた。お母さんはと目を向けると、にこにこしながら、「○○ちゃん、熱いから気をつけてね」などと声をかけている。

まあ、私が住んでいる沿線は、もともとそう上品な人たちが住んでいる地域ではないし（沿線の皆さん、ご免なさい）、このときのこの家族には、昼食の時間を削ってでも出かけなければならない大切な用事があったのだろう。でも、それにしても少しひどすぎるのではないか。このお父さん、お母さんはどのような食生活を送ってきたのだろうか、この子は将来、どのような食生活を送ることになるのだろうか。私は暗たんとしてきて居たたまれなくなり、黙って次の駅で降りて、後続の電車に乗り換えた。

二一世紀初めの日本という国に住む私たちは、少なくとも見かけ上は、世界でも、また歴史上も、稀有ともいえる豊かな食生活を謳歌している。

たとえば、テレビのスイッチを入れると、毎日、どの時間でも、どこかのチャンネルで必ずといっていいほど、食に関連する番組が放映されている。とりわけ、健康とのかかわりについては消費者の関心も高く、いわゆる健康食品の市場は大幅に拡大し、一部には「フード・ファディズム」といわれる現象さえ見られる。地べたに座り込んでコンビニ弁当をかき込んだり、繁華街を歩きながらハンバーガーをパクつく姿は、今や取り立てて特別な光景ではない。「飽食の国」といわれるように、私たちは、いつでもどこでも、食べたいときに食べたいものを食べることができる。本当に私たちは、食に関して便利な社会に住んでいるのである。

しかし、私たちは、あまりにも食というものに無とんちゃくなのではないだろうか。真しな態度を忘れているのではないだろうか。私たちの食が、どこの誰の手で生み出され、運ばれてきたかなど、考えたこともない人が多いのではないか。

たしかに、食とは極めて個人的なレベルの営みである。何をどこでどう食べようと、個人の自由、ライフスタイルであり、他人がとやかく口を出すべきことではないのかもしれない。しかし、私たちの食は個人的なレベルで完結しているわけではない。私たちは、約八億人の栄養不足人口がいるこの世界から食料を買いあさり、大量の食べ残しを出しているのも、またまぎれもない事実なのだ。

本文でも述べるように、ここ数十年で私たちの食の姿は大きく変貌した。一つは食生活の洋風化であり、もう一つは食の外部化である。これら食生活の変化は、いくつかのレベルで私たち自身や社会に大きな影響や負荷を及ぼしている。そして、私たちの身近な食と地球環境問題という人類的な課題とを結びつけて考える際のヒントとなるのが、本書のテーマである「フード・マイレージ」という考え方である。

本書では、やや回りくどくなるが、食の変化がもたらした影響について、最も身近な分野から順に説き起こしていく。したがって、フード・マイレージについて急いでお知りになりたい方は、第3章から読んでいただきたい。また、初版の刊行以降、フード・マイレージについて寄せられたさまざまな質問や意見については、Q&A形式として225ページにまとめたので、関心のある部分から読み始めてくださっても結構である。

食というものについて、今、少し立ち止まって考えてみたい。本書は、日本が世界最大級の食料輸入国であるという事実を知らずに、あるいは知っていても何の疑問も感じていない多くの消費者を主な対象としている。しかし、それを消費者のエゴ、不見識として決めつけ、非難する意図はない。私自身もむろん消費者の一人である。当事者として一緒に考えていきたい。

本書で紹介するフード・マイレージという指標を通すと、今まで見えていなかった私たちの食の姿が見えてくる。その姿はかなりグロテスクなものであるが、それは、より「美味しいもの」を求め、「利便性（コンビニエンス）の誘惑」に魅せられた、私たちの主体的な選択の結果なのである。そして、将来あるべき姿に向けて一歩ずつ、せめて半歩ずつでも改善していくか否かは、私たち一人ひとりの想像力と今後の選択、実践にかかっている。

なお、本書のもととなったフード・マイレージに関する研究は、筆者が二〇〇三年四月から二〇〇五年六月まで在籍していた農林水産省農林水産政策研究所において、当時の篠原孝所長（現衆議院議員）の指導のもとに携わったのが最初であり、フード・マイレージという用語も篠原氏の造語である。

最後に、本書における意見の部分は、筆者の所属する組織の公式の見解ではなく、筆者個人の意見なり主張であるということをおことわりしておく。国家公務員の立場にある以上、個人的な意見をこのような場で明らかにすることは、本来控えるべきこととさまざまなお叱りをいただくことと思う。それでも、現在の日本の危機的ともいえる食のあり様に思いをはせ、未来に向けての建設的な議論の一助になればと、あえて不遜にも拙い筆をとった次第である。

各方面の読者の方々の率直なご意見・ご批判を賜われば、幸甚である。

chapter 1
フード・マイレージを考える背景

1 「食」に関する情報の氾濫

「飽食」のテレビ

「食」とは、人間にとって最も身近でかつ重要な営みである。生物として生命と健康を保つということにとどまらず、人にとっては楽しみでもあり、家庭をはじめとするさまざまな社会的活動に不可欠な構成要素でもあり、さらにはファッションでもある。

とくに、現在の私たち日本人は、食に対して強い関心と興味を有しているといえよう。

たとえば、テレビの電源を入れると、毎日いつでもどこかのチャンネルで食に関連する番組が放映されている。オーソドックスな料理番組をはじめ、旅行や食べ歩きを内容とした番組、健康面に焦点を当てた情報番組、郷土料理を地域文化として紹介するものなどさまざまである。もっとも中には、食べ物を粗末に扱ったりするような品のないものもある。

「食」を素材とした番組は、手の込んだ企画は必ずしも必要ないし、それでいて美味しそうな料理はそれ自体魅力的で人を引きつけるのだから、ある程度の視聴率をコンスタントに稼げて、制作する側にとっても「美味しい」のかもしれない。

それでは実際に、テレビ番組のうち「食」を内容に含むものはどの程度あるのだろうか。試みに、二〇一七年八～九月の一週間のテレビ番組表をもとに、「食」を取り上げている番組がどの程度あるか集計してみた。集計したのは、二〇一七年八月二八日（月）～九月三日（日）の一週間の東京のＮＨＫ総合と民放五局の番組表である。

ここでいう「食」関連番組とは、料理のつくり方や食べものの紹介など食を直接のテーマとしている番組だけではなく、情報番組やバラエティであっても、「食」に関連する内容を含んでいるものを含めている。集計結果が次ページの表1-1である。

この一週間の総放送時間は六チャンネル合計で約六万分、約一〇〇〇時間弱である。現在、テレビはＮＨＫも含めて二四時間放送されているのだ。この一週間の放送時間のうち、「食」関連番組は延べ約二万三〇〇〇分（約三八三時間）弱で、全体の三八・八％となる。

もっとも、番組の中には、そもそも「食」に関する内容が含まれることが想定されないもの、たとえば、スポーツ中継、音楽・美術などもあることを考えると、一般的な番組のほとんどが「食」に関する内容を含んでいるという印象がある。

このようにテレビの放送内容一つ取り上げても、私たち現在の日本人が「飽食の時代」を過ごしていることがわかる。これは、私たちが豊かな食生活を享受していることを証明すると同

表1-1　テレビにおける「食」関連番組の割合

（単位：分，％）

2017年	総放送時間 [A]	「食」関連 [B]	[B/A]
8月28日(月)	8640	3641	42.1%
8月29日(火)	8640	4764	55.1%
8月30日(水)	8640	3861	44.7%
8月31日(木)	8640	3688	42.7%
9月 1日(金)	8640	3192	36.9%
9月 2日(土)	8640	2764	32.0%
9月 3日(日)	8640	1574	18.2%
1週間計	60480	23484	38.8%

注1　新聞およびインターネットのテレビ番組欄をもとにした集計である（東京のNHK総合および民放5局）．

注2　「「食」関連」とは，食を直接のテーマとした番組のほか，内容の一部に食を含む番組である．

時に、私たち日本人がかくも「食」に対して大きな関心と興味を有していることも示している。それ自体は悪いことではないが、しかし、筆者は素直に喜ばしい気持ちにはなれない。

フードファディズムという病

その理由の一つは、「フードファディズム」という言葉が頭をよぎるためである。

元群馬大学教授の高橋久仁子先生の定義によると、フードファディズム（food faddism）とは「食べ物や栄養が、健康や病気に与える影響を過大に評価したり信奉」し、その結果「健康になりたいと半ば強迫観念にとらわれ、極端に偏った食生活をすること」を指している（『「食べもの神話」の落とし穴――巷にはびこるフードファディズム』、講談社ブルーバックス）。フードファディズムの代表的なタイプが、それを食べさえすれば他の努力は不要という、いわゆる健康食品である。また、高橋先生はフードファディズムがはびこる温床として、国民に強い健康志向があること、物事を論理的かつ多面的に考えることを面倒くさがる風潮があることなどをあげている。

たしかに、食への関心の中でとくに高いのは、健康とのかかわりについてだ。世の中は、「健康のためなら死んでもいい」という人がいるほどの健康ブームである。これは、いわゆる健康食品の市場が近年大きく伸びていることからも明らかだ。健康食品・サプリメントの市場は今や二兆円近いとも推計されるが、これは日本の主食である米の国内産出額を上回っている。金額から見れば、日本人の主食の座は、今や米からサプリメントに移行しつつあるかのようである。ところが、健康食品と聞くと何となく体によさそうだが、国が制度化している保健機能食品（栄養機能食品、特定保健用食品、機能性表示食品）は別にしても、効果については科学的根拠を欠き、国の安全性審査を受けていないものが多い。国立健康・栄養研究所によると、二〇一六年一一月から二〇一七年一一月の間だけでも、世界で二二件のいわゆる健康食品との因果関係が疑われる健康被害が報告されている。また、二〇一六年度に国民生活センターなどに寄せられた危害情報は一万一千六〇二件であるが、うち最も多いのは健康食品（一千八八六件）であり、前年度から二倍以上に増加している。

健康ブームの背景にあるのが、テレビの情報バラエティ番組やワイドショーをはじめとしたマスコミである。次節で述べるように、近年の私たち日本人の食生活パターンが他の国に例を見ないほど大きく変貌した背景には、私たちの社会自体の大きな変化がある。農村から多くの人口が都市部に移住して核家族化が進行し、ライフスタイルが変化した。食が家庭や地域の中で引き継がれる機会は減少し、その代わりに食に関する情報の多くは、テレビなどのマスコミから入手するものとなった。食品安全委員会が食品安全モニターを対象に実施したアンケート「食品の安全性に関する情報等について」（二〇一三年二月実施）の結果をみても、一般消費者は、ハザード（食品添加物、農薬など危害要因）ごとの情報について「新聞やテレビなどで自然に目や耳に入ってくる範囲程度で情報収集している」との回答が五六～七五%と、「自ら積極的に情報収集している」とする者（七～三九%）を大きく上回っている。なお「情報収集していない」との回答も一～二八%いる。

テレビによる情報は、かつて家庭で親から子に（あるいは祖父母から孫に）伝えられた、いわば体験を通じ五感を使った身体的な情報とは異なり、音声や数字で伝えられるデジタルなものだ。しかもテレビは、瞬間の視聴率獲得が目的であるから、ともすれば、視聴者の耳目を集めそうな部分を切り取ったような伝えられ方がなされる。そのため、その偏った情報を鵜のみにするような、フードファディズムといった現象がはびこることになる。

それでも、人気番組で取り上げられた食材が売り切れたといった現象にとどまっていれば、ある意味、微苦笑まじりのエピソードですませていられたが、病の根は思ったよりずっと深かったのである。

テレビでの健康情報を鵜のみにすることがいかに有害であるかを象徴した事件が、二〇〇七年一月に起こった。多くの人気タレントが出演し、毎週日曜日夜に放映されていた番組では、納豆を二週間食べ続けて体重を減らしたという男女の実験結果が外国人研究者のコメントとともに紹介された。番組の反響は大きく、週明けの全国各地の小売店では納豆の売り切れが相次いだ。ところが放送のわずか二週間後、実験結果や外国人研究者の発言は、まったくのねつ造であったことが発覚し、店頭には逆に納豆の在庫が積み上がることとなり、テレビ局は社長以下関係者を処分するとともに、この人気番組を打ち切る羽目となった。この事件を教訓に、現在はこのような悪質なテレビ番組は少なくなっていると思われる。

食や健康に対する関心が高いことは、それ自体、本来、喜ばしいことのはずである。しかしながら、飽食のなかで自らの体重コントロールさえできない消費者の多くが、ある食品を二週間だけ食べ続けるだけで体重を減らすことができるといった類のバラエティ的な情報に安易に飛びつき、しかもそれが具体的な買い物という行動にまで結びついて、その食品が現実の市場で品薄になるような現象は、はたして健全な社会の姿であろうか。

現在の消費者（私自身もその一人だ）が、あまりにも安易に即効性を求めすぎていることに、不気味な感じさえ覚えるのは私だけではないと思う。私にとっては両親の世代にあたる人たちが担い手となって、戦後の廃墟から復興し、世界でもまれな経済の高度成長を実現した。そして、必要なものは、いつでも簡単に手に入れることができるという「利便性（コンビニエンス）」を獲得したのである。食べものも、お金さえ出せば（それもそう多額でなく手が届く範囲で）、世界中の珍しいものを手に入れることができる世の中になった。

そして、自分自身の健康さえも、安易に（たとえば、納豆を二週間食べ続ければ）獲得できると思っている。自分の好きなあのタレントの言うことだからと、バラエティ番組の簡便な情報に安易に飛びつく。このとき、完全に自己の判断力は停止し、ただ「利便性（コンビニエンス）の誘惑」に身をゆだねるのである。その消費者の安易な行動につけ込み、あるいは媚びるような眉唾もののテレビ番組が横行しているといえば、言いすぎであろうか。

「消費者」とは

ところで、ここまで「消費者」と一くくりにして論じてきたが、世の中には消費者という職業もなければ特定のグループも存在しない。消費者とは最終的に商品を購入する人のことであり、その意味ではすべての人が消費者である。一人ひとりがプロフィールを持っているにもかかわらず、「消費者」という無難な言葉で一くくりにして議論することは、あまりに安易であろう。

作家の故・中野孝次氏は『清貧の思想』(文春文庫)の中で、「われわれはただの人間ではなく消費者という名で呼ばれるようになった。これは奇妙な言葉、人間侮蔑的な言葉である。大量生産・大量消費の時代の中で、人間にとって一体何が必要で何が必要でないかを冷静に選択する余裕もなく、ひたすらただ次から次へと市場に出現する魅力的で便利で機能的な商品の消費者とされてしまった」と嘆いておられる。

佐賀県唐津市在住の農民作家、山下惣一氏は、「消費者とは百姓ことばで殺つぶし」(『農業わけ知り辞典』、創森社)と切り捨てているが、これは財界などからの農業叩きに義憤を隠さなかった当時の氏一流の皮肉であり、山下氏が農業とのかかわりのなかで現在の「消費者」をどう評価しているかは、この本の終わりの方で触れることとなろう。

いずれにしても、一人ひとり千差万別の消費者を一くくりにして論ずるのは適切でなく、せめて消費者の分類があってもよさそうなものだが、実はほとんどない。この数少ない分類を試みたのが、徳野貞雄氏(熊本大学名誉教授)である。

徳野教授は、「農の価値への理解」と「お金」をそれぞれ縦軸と横軸にとり、福岡市民を対

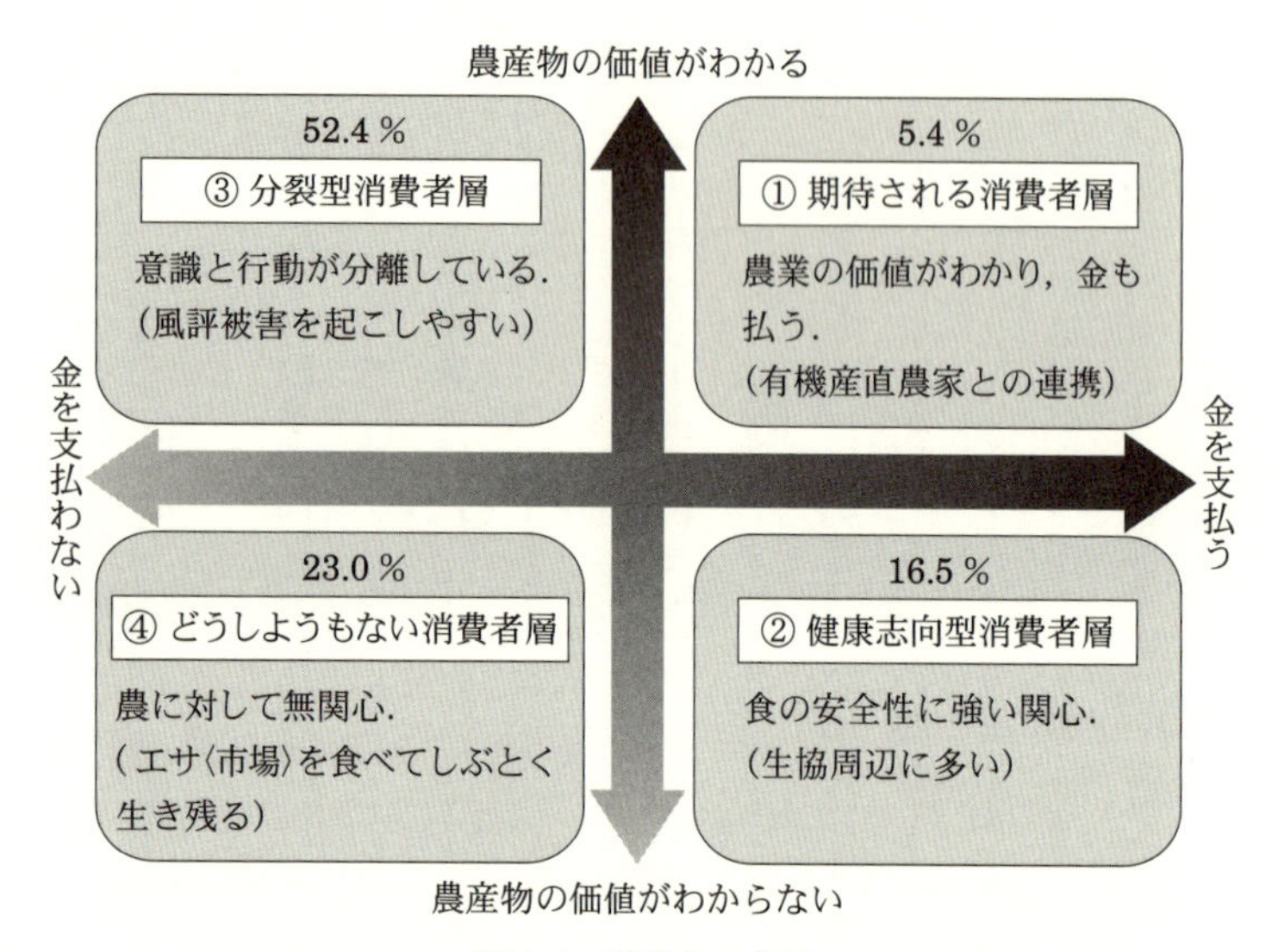

図 1-1　消費者の分類
［出典：徳野貞雄『農村の幸せ都会の幸せ』（日本放送出版協会，2007 年 2 月）］

象に行ったアンケート調査結果から、消費者を図 1-1 のように四つのタイプに分類した。

これによると、右上に位置するのが、農業は大事なものでまた価値があるものだから、援農してもよいし、お金を払ってもよいと考えている「期待される消費者」であるが、これは五・四％しかいない。右下に位置するのは「健康志向型消費者」で、期待される消費者ほどではないが、そこそこお金は払う。安全性に対しては強い関心を持っているが農業全体の価値までは頭が回らないという人たちで、一六・五％。そして現在、日本で一番多い（五二・四％）のが左上に位置する「分裂型消費者」で、頭の中では安全や地産地消というけれども、スーパーでは安い外国産農産物売場にたむろするなど意識と行動が一致せず、頭でっかちでテレビや新聞の情報に左右されやすい人たちである。最後が左下の「どうしようもない消費者」で二三・〇%。別に食べもののことも農のことも考えず、金もあまり払わず、言わばエサを食べている層である。

そして、徳野教授は、「どうしようもない消費者」と「分裂型消費者」が、全体の四分の三を占めているのが日本の消費者の現状であり、これらの層をどのようにして「期待される消費者」サイドにもってくるかという問題が問われている、としている。

それでは、このような消費者である私たちの食の姿は、どのような現状にあるのだろうか。

2 食生活の変貌と、それがもたらした問題点

食生活のパターンは、その人間（民族）の置かれた風土や気象条件、歴史によって、長い期間を通じて形成されてきたものであり、本来、保守的なものであると考えられる。

しかしながら、いわゆる経済の高度成長が始まって以降のここ半世紀の日本ほど、国民の食

生活パターンが大きく変化した国はない。

図1-2は、主要先進国の食料消費（供給量）について、一九六五年と二〇一三年との変化率を示したものである。これを見ると、日本の食生活の変化の激しさは、諸外国と比べても歴然としている。この半世紀の間、日本では穀類の消費量が二六％、野菜が一四％それぞれ減少したのに対し、肉類の消費量は四・三倍、油脂類は三・二倍へと、それぞれ大きく増加した。これに対し、他の国では、日本ほどの大きな変化は見られない。

なぜ私たちの食生活は、このように劇的ともいえるほど大きく変化したのであろうか。それは誰かに強制されたり、政策的に誘導されたものであろうか。たしかに、一九八〇年代に入って大幅な貿易黒字に対する諸外国からの批判が高まるなかで、農産物の関税や輸入制限措置が緩和されたことも背景にはある。大幅な円高が進行するなか、一九九一年には牛肉が輸入自由化され、消費者がアメリカ産牛肉などを買い求めやすくなったのは事実である。

しかしながら、基本的には、日本における大きな食生活パターンの変化は、私たち自身が、自らの意志で選択した結果なのだ。つまり、所得水準が上昇し経済的に豊かになったことを背景に、より美味しいと思うものを選択した結果、米の消費は減り、肉類や油脂類の消費が拡大し、いわゆる食生活の洋風化・高度化が急速に進行した。

そして現在、この食生活の大きな変化が、私たち自身のみならず、私たちを取り巻く社会や

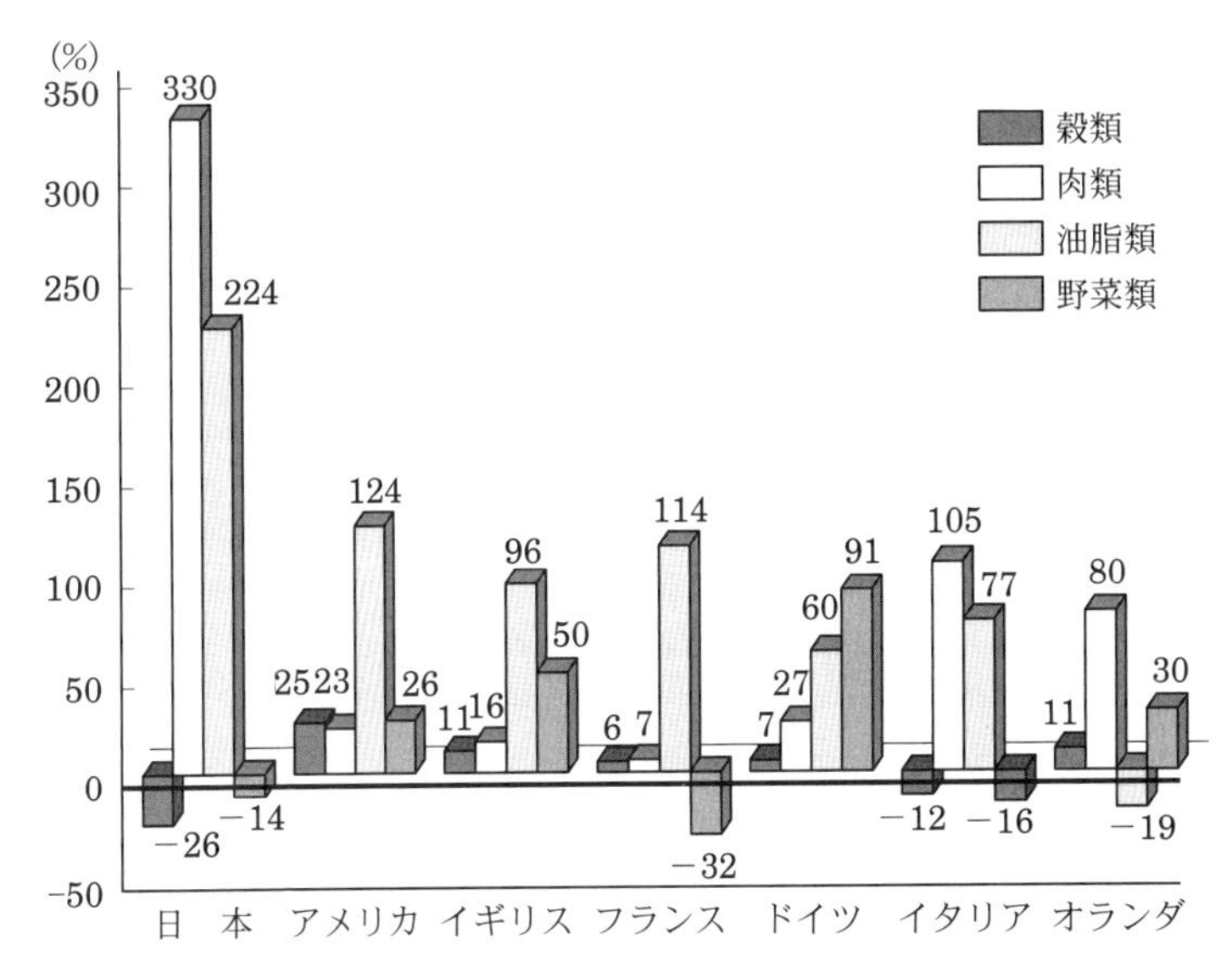

図 1-2　主要先進国の食料供給量の変化（2013 年／1965 年，増減率）
［資料：FAO "Food Balance Sheet"］

環境に、さまざまな深刻な問題を引き起こしている。それは、次の四つのレベルに分けてとらえることができる。

第一の問題は、私たち自身あるいは家族にとって最も身近な、健康や食生活の面である。この関連で、食の安全や、食に対する不安感といった第二の問題が現れてくる。もう少し視野を広げてまわりを見渡すと、第三の問題として、日本全体の食料供給や地域における農業生産といった問題が見えてくる。そして、さらに視野を高くとると、水平線の向こうに第四の問題があることに気がつく。つまり、地球全体の資源や環境に対する負荷の増大という問題である。

それでは、第一の問題から順に見ていくこととしよう。

③ 第一の問題点
―栄養バランスの崩れと健康問題―

栄養バランスの崩れ

食生活パターンの大きな変化は、私たちの食卓に上がる食料の供給熱量の構成割合に大きな変化をもたらした（図1-3）。

変化の主役は米である。米から供給される熱量は、一九六〇年代には全体の半分近くを占めていたが、最近は二割強へとシェアを半減させている。いわゆる「米離れ」の現象である。

米の減少分を補ったのは何であろうか。よくパンやめんが増えたから米の消費が減ったといわれるが、実は小麦のシェアは大きくは変化していない。代わりに、大きくシェアを高めてい

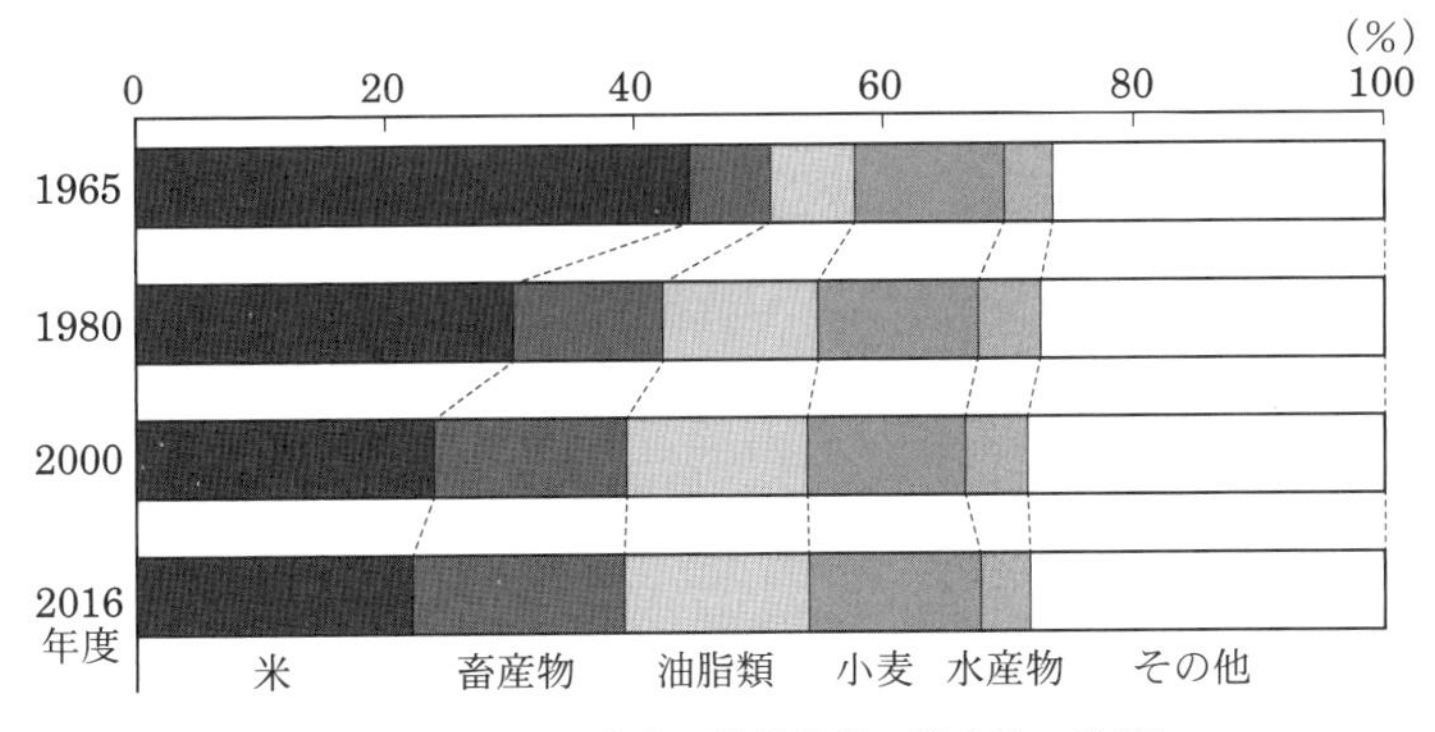

図 1-3　食生活の変化（供給熱量の構成比の推移）

注 2016年度は概算値である.
［資料：農林水産省「食料需給表」］

るのは畜産物と油脂類である。つまり、畜産物と油脂類の消費が増加したことによって（国民のし好が変化して、畜産物や油脂類を多く食べるようになって）、米の消費が減少したのだ。

このような食生活パターンの大きな変化は、私たち自身や家族の栄養バランスに大きな影響を及ぼしている。

栄養バランスの基本は、タンパク質（P：protain）、脂質（F：fat）、炭水化物（C：carbohydrate）のバランスとされており、これを「PFC熱量比率」とよんでいる。

このPFC比率の推移を長期的に見たものが図1-4である。米が供給熱量の半分を占めていた一九六〇年代は、炭水化物に偏っており脂質の摂取は不足気味であった。その後、食生活が次第に洋風化・高度化した結果、一九八〇年頃にはPFC比率

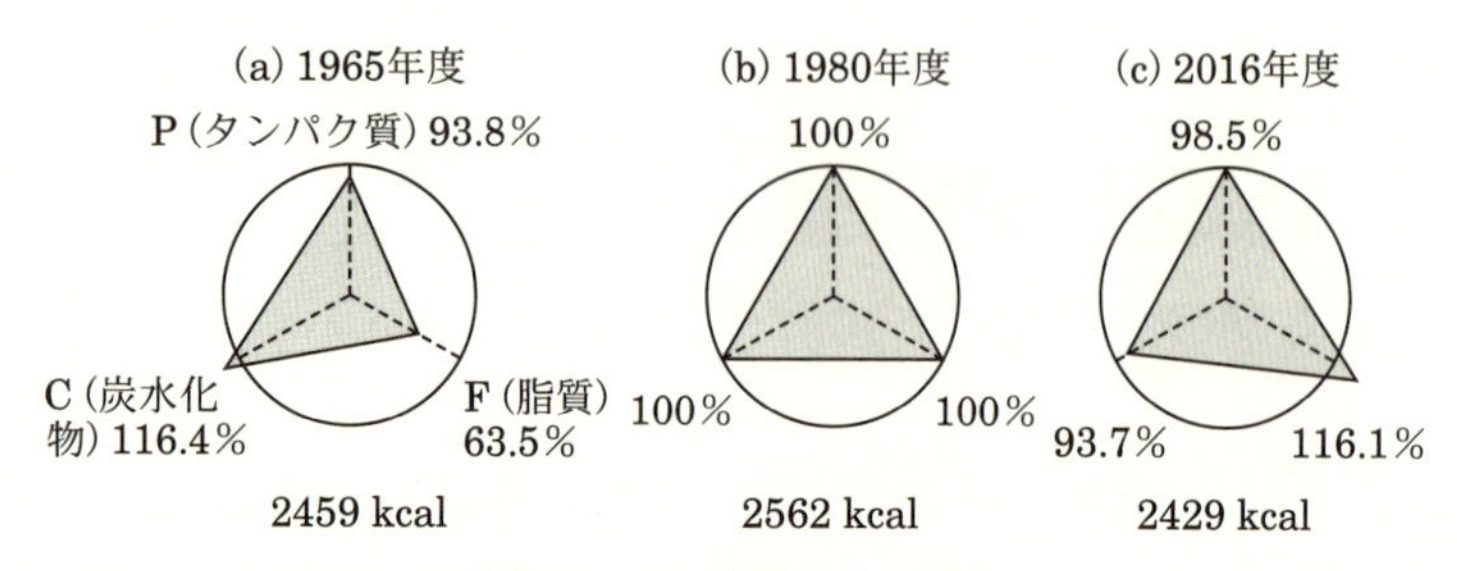

図 1-4　PFC 熱量比率の推移

注 望ましいバランスに近いとされる 1980 年度の PFC 比率（P：13.0%，F：25.5%，C：61.5%）を 100 とした指数である．
［資料：農林水産省「食料需給表」］

はほぼ理想的な状態となり、この過程で平均寿命も大幅に延びた。この頃の食生活は、米を主食とし、野菜、魚、大豆などを副食物の中心とした伝統的な食生活のパターンに、畜産物、油脂類、果物が加わって、多様性があり、かつ、栄養バランスがとれたものであった。これがいわゆる「日本型食生活」とよばれるものである。

ちなみに日本の食生活パターンについては、海外からの注目度も高い。たとえば、一九七七年に公表されたアメリカ上院栄養問題特別委員会報告（委員長の名をとって通称「マクガバン・レポート」とよばれている）はガン、心臓病など現代病の主たる原因が食生活にあることを指摘すると同時に、伝統的な日本人の食生活が健康面で優れていることに注目しているし、近年、欧米やアジア諸国では日本食がブームとなっているのも、世界的な健康志向の高まりが背景にある。

ところが日本国内では、栄養バランスに優れた「日本型食生活」は次第に崩れつつあるのだ。

炭水化物の減少、脂質の増加という傾向は、一九八〇年頃の最もバランスのとれた状態でとどまることはなく、現在まで継続している。その結果、最近では、炭水化物の摂取割合は適正水準を下回る一方で、脂質は適正水準を上回るようになっている。

また、栄養摂取の偏りという面では、野菜摂取の不足や、カルシウムや鉄といった栄養素不足も、問題視されている。

肥満の増加とメタボリックシンドローム

近年の栄養バランスの崩れは、健康面でさまざまな問題を生じさせている。

一つは、糖尿病、高血圧、高脂血症など生活習慣病の発症に大きくかかわるとされる肥満の問題で、近年、男性の「肥満」は大きく増加している。二〇歳以上の男性の肥満者の割合は、二〇年前および一〇年前に比べて、いずれの年齢階級においても増加しており、とくに四〇歳代では実に四割近くが肥満者となっている（図1-5）。

日本では、近年、生活習慣病患者の増加が著しい。摂取エネルギー量と密接にかかわる糖尿病患者の数について見ると、二〇一四年においては三一七万人と、前回（二〇一一年）調査か

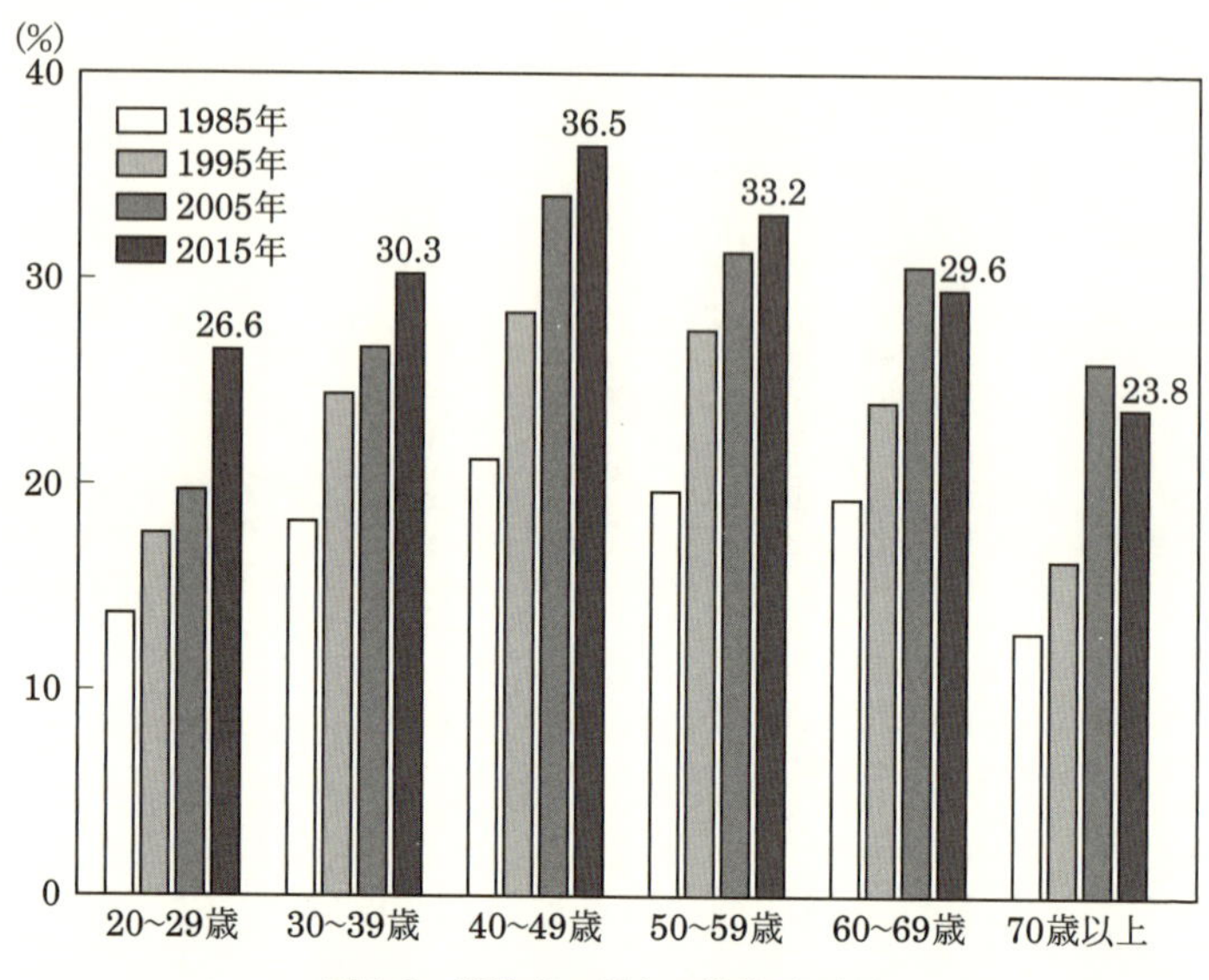

図 1-5　肥満者の割合の推移（男性）

注　肥満者とは，BMI（Body Mass Index，体重［kg］／（身長［m］)^2）が 25 以上の者のことである．

［資料：厚生労働省「国民健康・栄養調査」］

ら四七万人増えて過去最高となっている（厚生労働省「患者調査」）。さらに、「糖尿病が強く疑われる者」の割合は男性一九・五％、女性九・二％となっている（厚生労働省「二〇一五年国民健康栄養調査」）。

また、内臓脂肪型肥満によって、さまざまな病気が引き起こされやすくなった状態をメタボリックシンドロームとよぶが、厚生労働省「平成一八年国民健康・栄養調査」によると、四〇〜七四歳の男性の二人に一人、女性の五人に一人がメタボリックシンドロームが強く疑われる、または予備群と考えられるとしている。なお、厚生労働省が内臓脂肪型肥満の診断基準の一つとしている「腹囲八五センチメートル以上」(男性)の妥当性などについては議論もあるが、いずれにせよ、国がそこまでの警句を発せざるを得ないほど、現在の国民の健康状態は危機的状況にあるともいえよう。そして、国民医療費も大幅な増加傾向で推移しており、実は、国民の健康の問題は、国民経済的な観点や国の財政面から見ても深刻な状況となっているのである。

食生活の乱れ

食生活については、ほかにも見方によってはより深刻ともいえる問題が指摘されている。まずは「欠食」である。二〇歳代の男性の二四%、女性の二五%は朝食を食べていない(厚生労働省「二〇一五年国民健康栄養調査」)。中には、ダイエットのためにわざと朝食を抜き、その代わりに美容と健康のためとしていろいろなサプリメントを常用している若者も多いという。

もっとも、大人が朝食を抜いているのであれば、その動機や理由は何であれ、自己の選択の範囲内かもしれないが、朝食を「必ず毎日食べる」と回答した児童生徒は、小学生九〇・五%、中学生八六・六%となっており、一割近くが朝食を欠食しているという調査結果がある(日本スポーツ振興センター「児童生徒の食生活実態調査」、二〇一〇年)。このような子どもの朝食の欠食は、当然ながら自己責任ではなく、親の責任であろう。

また、「孤(個)食」も問題となっている。これは、家族が異なった時間に一人ひとりで、あるいは別々のものを食べることを指す。また、食卓につく時間も食べるものもバラバラという「バラバラ食」というよび方もされる。先ほど紹介した「児童生徒の食生活実態調査」によると、小中学生が「子どもだけで食べる」あるいは「一人で食べる」とする小中学生の割合は、朝食で四六・六%、夕食で八・五%となっている。このような食生活の乱れは、家族や社会のあり方にまでも深刻な問題を投げかけているとする意見もある。たとえば、文化人類学者・民族学者の石毛直道氏は、「食の分配によって成立した家族共食集団であるが、いまや共食をすることによって、家族という集団が、なんとか維持されている」「個食化が徹底し、家族のかこむ食卓のない家庭が実現するとき、それは家族という制度が崩壊する時である」としている(『食卓文明論』、中央公論新社)。

食料の消費面でかかえているもう一つの問題は、食品のロス(無駄、廃棄、残飯)の多さである。

図1-6は、食料の供給熱量と摂取熱量の推移を表したグラフである。供給熱量とは、国民に供給された純食料の総熱量のことであり、通常の食生活において廃棄される部分(キャベツ

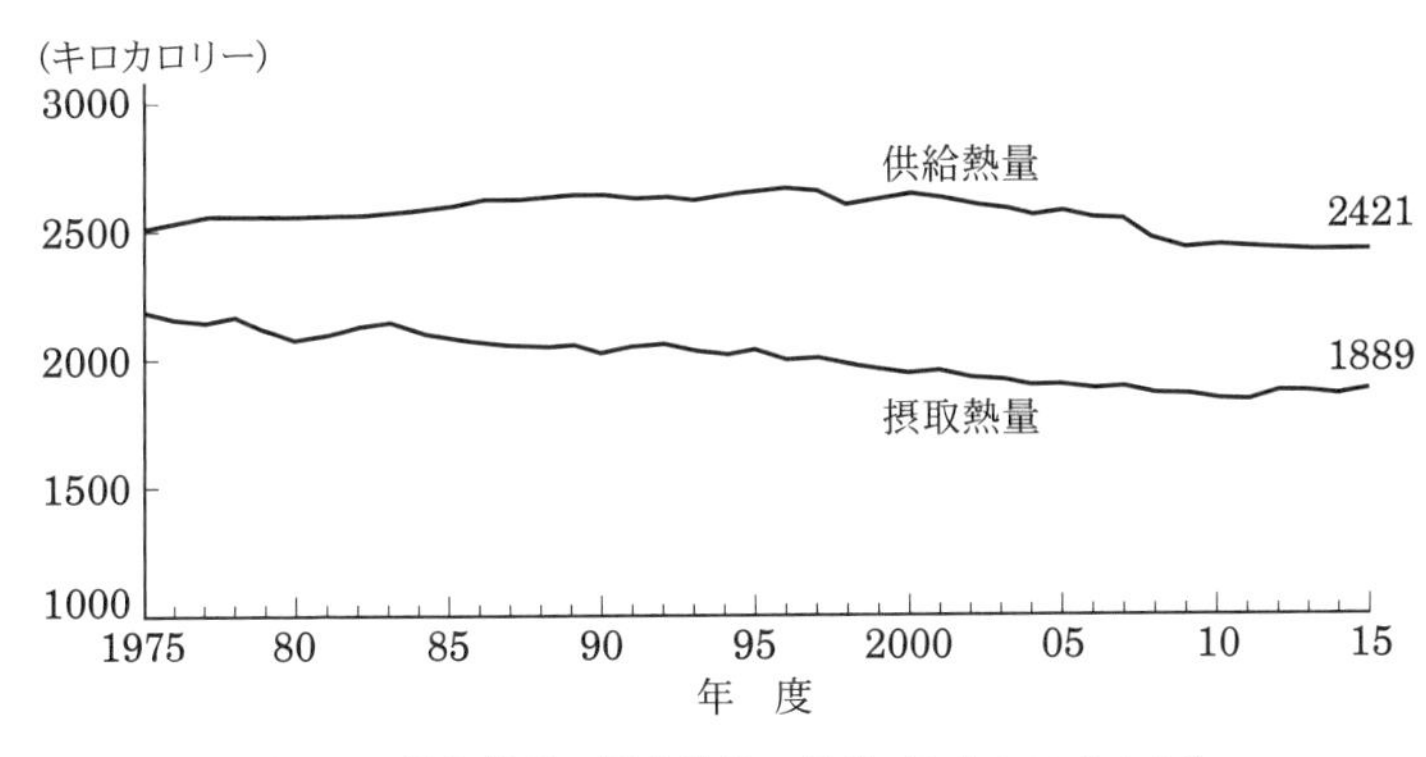

図1-6　供給熱量と摂取熱量の推移（1人1日当たり）
［資料：農林水産省「食料需給表」，厚生労働省「国民健康栄養調査」］

の芯、魚の頭や内臓、卵の殻など）は含まれていない。一方、摂取熱量とは、実際に「口に入った量」のことである。

この二つの数値は異なる統計の数値であり、単純に比較することは適当ではないが、両者の差は食品の廃棄や食べ残しの目安となる。

グラフからは、両者の間には相当の格差があり、しかもその格差は拡大傾向にあることがわかる。供給熱量は一九九〇年代まではおおむね増加傾向で推移した（それ以降は減少している）のに対し、摂取熱量はライフスタイルの変化を反映し減少傾向で推移した結果、最近の両者の差は供給熱量の二二％に相当するまでになっている。つまり、供給された食料の実に四分の一近くを無駄にしているのだ。

また、別の試算（農林水産省）によると、二〇一四年度における食品廃棄物の発生量は合計で二七七五万トンとなっており、このうち、売れ残りや食べ残しなど可食部分と考えられる「食品ロス」は六二一万トンとなっている（うち事業系三三九万トン、家庭系二八二万トン）。これは、国連世界食糧計画（ＷＦＰ）による世界全体の食料援助量約三二〇万トン（二〇一五年）の倍近い量であり、国民一人一日当たりにすると約一三四ｇと、茶碗約一杯のご飯の量に相当する。

次節でも紹介するように、日本は食料の六〇％を海外に依存している。私たちは、現在も八億人近い栄養不足人口が存在するこの世界から大量の食料を輸入し、その輸入食料を含む食べ物の四分の一近くを捨て、資源を浪費し環境への負荷を増大させているのだ。

4 第二の問題点 ―食への不安と「食と農との間の距離」―

食に対する不安の高まり

食に対する不安感

食生活の大きな変化がもたらした第二の問題点は、近年、消費者が食に対する強い不安感を抱くようになっていることである。

次ページの図1-7は、食品についての不安の程度の推移を示したものである。これによると、福島第一原発事故が起こった二〇一一年には、食品安全に関して「とても不安と感じる」者が三一・七％、「ある程度不安を感じる」とする者が四三・六％と、全体の七五・三％が食品に対して不安感を有していた。その後、不安を感じる人の割合はやや減少しているものの、現在も約六割の人は食品に対して不安を感じている。

消費者の信頼をゆるがす事件・事故の多発

食に対する高い不安感の直接的な原因は、近年、食品の安全性に対する消費者の信頼をゆるがす事件・事故が相次いで発生したことにある（表1-2）。

とくに二〇〇一年九月、国内においてＢＳＥ（牛海綿状脳症）の牛が初めて確認された際には、国内における牛肉消費が大きく減退するなど、一時パニックに近い状態に陥った。これは、

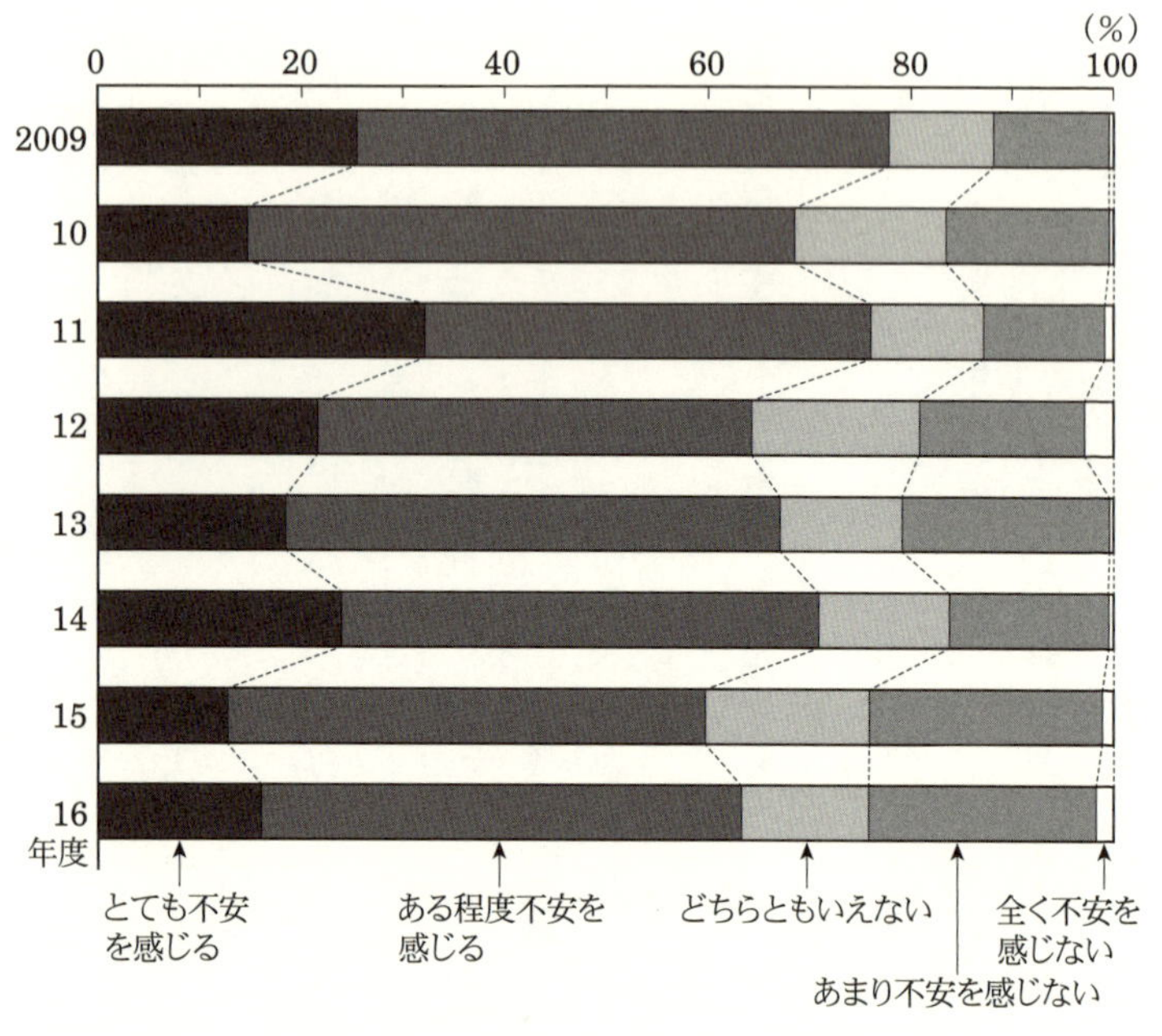

図1-7　食の安全への相対的な不安感

［資料：消費者庁「食の安全性に関する意識等について」食品安全モニター課題報告］

その前々年末頃からヨーロッパにおけるBSE（当時は「狂牛病」と呼ばれていた）が拡大し、連日のようにテレビなどで大きく取り上げられていたことが背景にあった（感染源については欧州から輸入された肉骨粉が疑われたが、現在まで完全には明らかとはなっていない）。さらにこれは偶然であるが、アメリカでの同時多発テロ（九月一一日）と同じ時期であったことから、社会全体は大きな不安感に覆われることとなった。

同年には、中国から輸入さ

表1-2　近年における食の安全，信頼等に関連する主な事件

時　期	内　　容
1996年7月	大阪府堺市の学校給食でO157集団食中毒．死者2，患者数6000以上．
2000年3月	92年ぶりに九州，北海道で口蹄疫が発生．
2000年6月	大手乳業会社の大阪工場で生産された低脂肪乳による集団食中毒．死者1，患者数約15000．
2000年9月	アメリカで飼料用遺伝子組換えトウモロコシの遺伝子を加工食品から検出．
2001年9月	日本国内で初めてBSE感染牛を確認．
2001年12月	中国産冷凍ホウレンソウから基準値を超える残留農薬を検出．
2002年1月	BSE対策を悪用した偽装牛肉事件が発覚．
2004年1月	九州を中心に鳥インフルエンザが拡大．
2006年10月	大手菓子メーカーが賞味期限切れ原料を使用していたことが発覚．
2007年6月	北海道の食肉加工業者による牛肉ミンチ品質表示偽装事件が発覚．
2007年10月	老舗和菓子メーカーが賞味期限を偽装していたことが発覚．
2008年1月	中国製の輸入冷凍餃子による健康被害が発生．メタミドホスなど有機リン系殺虫剤を検出．
2008年9月	一部の米穀業者などが非食用に限定された輸入事故米を食用として不正に転売．
2008年10月	中国から輸入された冷凍インゲンから化学物質（ジクロルボス）を検出．
2009年6月	大手ステーキチェーン店の成形肉による集団食中毒事件．
2011年3月	東日本大震災に伴う東京電力福島第一原発事故．食品の放射物質汚染に対する不安の広がり．
2011年4月	焼肉チェーン店の生牛肉料理による集団食中毒．死者5．
2012年8月	北海道の高齢者施設における白菜浅漬けによる集団食中毒．死者8．
2013年6月	大手ホテルチェーンのレスランなどでメニュー表示と異なる食材を使用していた多くの事例が判明．
2013年12月	群馬県の食品加工業者の工場従業員が冷凍食品に意図的に農薬を混入．
2014年7月	大手ハンバーガーチェーン店の製品を製造していた中国の食品加工会社が使用期限切れ鶏肉を使用．同社では他にも異物混入等が続発．
2016年1月	産業廃棄物処理業者が大手カレーチェーンが廃棄したカツを不正に横流し．
2016年8月	千葉県および東京都の老人福祉施設で野菜料理による集団食中毒．死者10．

注　口蹄疫，鳥インフルエンザなどは食の安全性に関わる事件ではないが，国民の間に食に対する不安が広がったという意味で掲載してある．
［資料：内閣府食品安全委員会の資料などをもとに筆者作成］

れた冷凍ホウレンソウから基準値を超過した残留農薬が検出された。さらに中国産食品の関係では、二〇〇八年一月、輸入された冷凍餃子を食べた家族に健康被害が起こっていたことが発覚し、調査の結果、有機リン系農薬のメタミドホスなどが高濃度に検出された。二〇一四年七月には、大手ハンバーガーチェーンの製品を製造していた中国の食品加工会社が使用期限切れの鶏肉を使用していた事件が発覚した。

また、二〇〇八年九月には、事故米穀が不正に流通するという問題が発生した。これは、残留農薬やカビ毒であるアフラトキシンが検出された輸入米について、工業用(非食用)に限定して国から売却を受けた一部の米穀業者が、食用として不正に転売(横流し)していたというものである。流通ルートは、事故米と知らずに使用していた事業者を含め広範にわたった。また、横流しを長期にわたって見逃し、十分な横流し防止措置を講じずに販売してきた農林水産省の責任も厳しく問われ、関係職員の処分なども行われた。

二〇一一年三月には、東日本大震災に伴う東京電力福島第一原子力発電所の事故により大気中に大量の放射性物質が放出されるという未曾有の事件が発生し、福島県産農産物などの安全性に対する大きな不安が広がった。検査体制の整備、農地の除染などの対策が行われた結果、現在は基準値を超過する農畜産物は山菜やきのこなどを除いてほとんどみられなくなっているが、いわゆる風評被害は払拭されてはいない。

さらに、国内では食品のいわゆる「偽装事件」が続発している。

二〇〇二年一月には、ＢＳＥ対策として実施されていた国産牛肉買取りの事業を悪用した大手食品メーカーによる牛肉の偽装問題が発覚したのと相前後して、多くの企業や農業協同組合、生活協同組合などが輸入品を国産と偽ったり、他の産地の産品をブランド品と偽るなど、食品の不正表示を行っていた事実が次々と判明した。二〇〇七年六月には北海道の食肉加工業者による牛肉ミンチ品質表示偽装事件が発覚したほか、二〇一〇年代に入っても大手ホテルチェーンのレストランなどでもメニュー偽装が広く行われていたことが判明した。さらに二〇一六年一月には、産業廃棄物処理業者による大手カレーチェーンの廃棄カツ横流し事件も明らかとなった。これらの事件は発覚するたびに連日のようにマスコミで報道され、消費者の食に対する信頼感は大きく損なわれることとなった。

これらの行為は消費者の信頼を裏切るまったく言い訳のできないものであり、そのモラルの欠如が指弾され解散に追い込まれた企業があったが、しかし、これらの事件が頻発した背景には、消費者の過度の国産志向やブランド（銘柄）志向があることも指摘された。

また、欠品を許容しない流通システムの問題も指摘された。そもそも食料という商品は工業製品と異なり、気象条件などにより量や規格がそろわないことも多い。ところが、量販店に代表される現在の流通システムは、つねに一定の規格の食料が一定量、毎日（極端な場合は二四時間）確保されることを前提としているのだ。とくに、欠品は最も避けるべきと、食品供給業者には流通業者から強い圧力がかかっているという。流通業者のいい分は「お客様が求めているから」。お客様とは私たち消費者のことであろう。私たちは本当にそのような社会を求めているのであろうか。

私たちの食生活パターンの変化は、食品流通の広域化・グローバル化をもたらした。この結果、海外において事件や事故が発生すると、食に対する不安感だけではなく、需給にまで大きな影響を及ぼすようになっている。ある大手牛丼チェーンは、主力商品である牛丼に特化し、アメリカ産牛肉を効率的に調達し低価格を実現するというビジネスモデルを確立していたが、二〇〇三年のＢＳＥの発生によりアメリカ産牛肉の輸入がストップするリスクまでは想定していなかったであろう。

なお、表1-2にある通り、実際に死者が出ているという意味で、食に関わるリスクが最も大きいのは、食中毒であることにも、留意が必要である。

さて、消費者の食に対する不安感が高まっている直接的な原因としては、これら個々の事件・事故をあげることができるが、これら不安感の高まりの背景には、より広く共通する事情がある。それは、食卓（食）と食料生産の現場（農）との間の距離が拡大しているということである。

消費者の多くは、食と農との間に大きな距離（これには物理的な距離だけではなく、心理的な距離感も含まれる）が存在することに気づき、日々の食品の「素性」（たとえば、原産地、生産者、生産方法、品質、安全性など）に対する漠然とした不安感が生じているのだ。

それでは、「食と農との間の距離」とは具体的にはどのようなものであろうか。

「食と農との間の距離」の拡大

「食」とは、実際に食料を消費する現場を象徴的に表す言葉で、家庭における「食卓」であり、外食の場合はレストランや食堂である。また、その主体である消費者を指す場合もある。

一方、「農」とは、食料を生産する農業の現場を象徴する言葉で、具体的には田んぼや畑、あるいはそれらが存在する農村地域を指す。水産業の現場（海、川、養殖場）も当然含むし、食料生産の主体である農家や漁業生産者を指す場合もある。

それでは、「食と農との間の距離」とはどのようなものであろうか。

元日本大学教授の高橋正郎先生が提唱する「フードシステム」とは、川上の農林水産業から川中の食品製造業、食品卸売業、川下の食品小売業、外食産業を経て、最終の消費者の食生活に至る食料供給の一連の流れをシステムとして把握する概念のことである（『フードシステム学の理論と体系』、農林統計協会）。そして近年、食の海外依存度の高まり、「食の外部化」の進行などの構造変化に対応して、川上である「農」の現場と川下の最終地点である「食」との間の距離が拡大しているというのが、高橋先生の分析である。

先生によると、「食と農との間の距離」は少なくとも三つの局面で展開している。その一つは「地理的距離の拡大」で、遠い国々から輸入される食品を私たちは日常的に食しているということを指す。二つには「時間的距離の拡大」で、栽培技術や輸送・保管技術の発展に伴って、私たちは「旬」を意識せずに年中好きなものを食べられるようになったことである。三つ目は「社会的（段階的）距離の拡大」で、農家の生産した農産物が市場や食品製造業者を経由し、その食材がさらに外食企業やスーパーなどを経て最終消費者の胃袋に納まるというように、社会的分業が進むなかで食料が段階的に姿を変えながら消費者にたどり着くというものである。

「社会的（段階的）距離の拡大」は、「食の外部化」という言葉で表されることもある。「食の外部化」とは、もともと家庭内で行われていた調理や食事を家の外に依存するようになっていることを指している。日本フードサービス協会の試算によると、食の外部化率は一九七五年の二八・四％から二〇一五年には四三・九％と、一五ポイント以上も上昇した（図1-8）。ちなみに、外食率は近年、停滞傾向で推移している一方、調理食品やそう菜、弁当といった「中食」の伸びが続いていることが見て取れる。

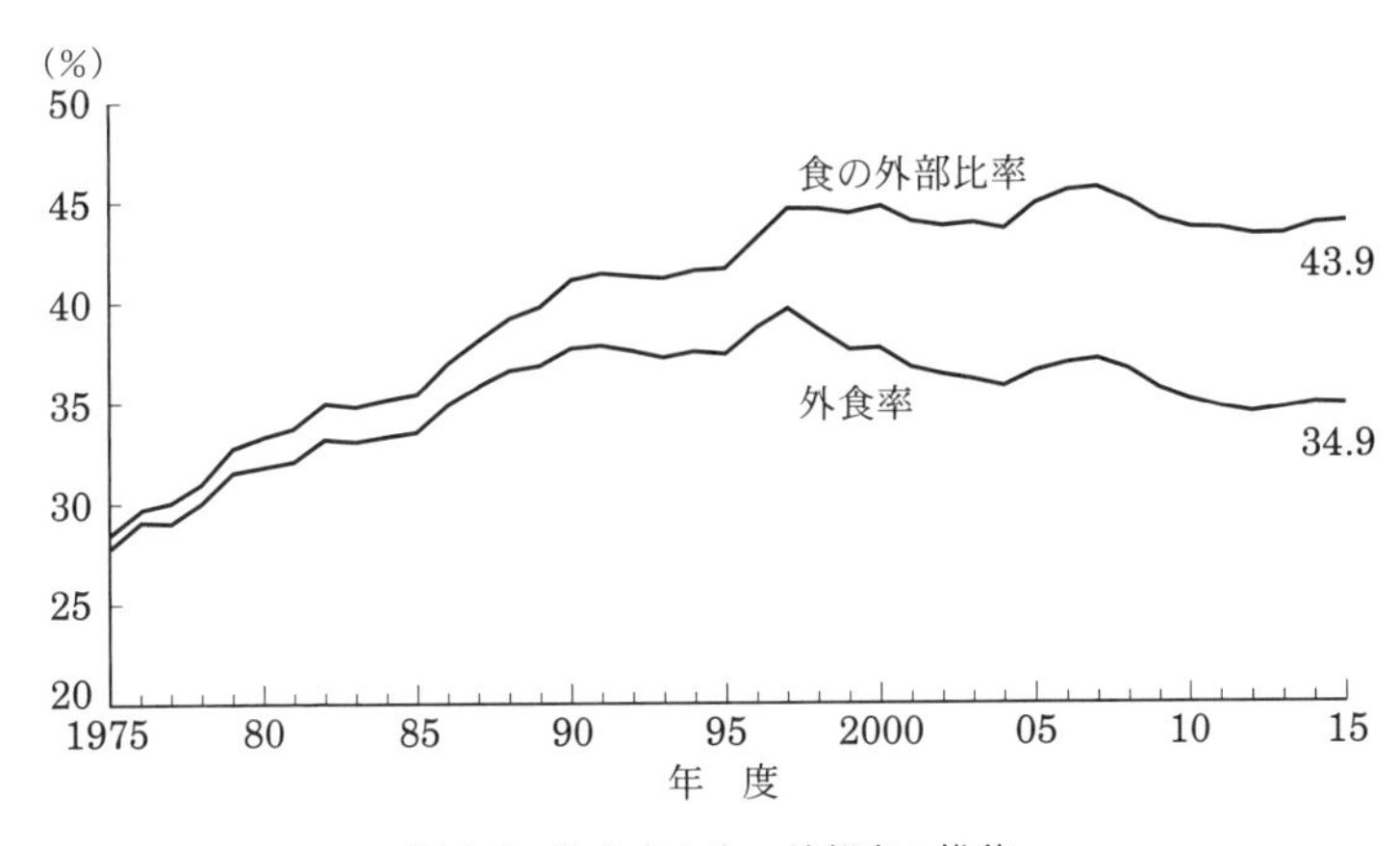

図1-8　外食率と食の外部率の推移

注 外食率＝外食市場規模／全国の食料・飲料支出額
　食の外部化率＝広義の外食市場規模（料理品小売業を含む）／全国の食料・飲料支出額
［資料：日本フードサービス協会］

消費者の食に対する不安感の程度は、自分を起点とした距離感に比例していると考えられる。食料品消費モニターに対する意識調査結果（二〇〇八年一月実施）によると、食品供給の各段階別に見た消費者の不安感の程度は、「輸入農産物、輸入原材料等」で最も強く、次いで外食店舗で強くなっている（図1-9）。これらに対し、小売店では比較的小さく、とくに「家庭での取扱い方」についての不安感は非常に小さいものとなっている。

ところが、厚生労働省「食中毒統計資料」によると、二〇〇〇年から二〇一六年の間に発生した食中毒による死者の数は一〇六人で、うち五八人（五四・七%）は家庭において亡くなっている。このように、実際のリスクの大きさと消費者が心理的にとらえるリスクの

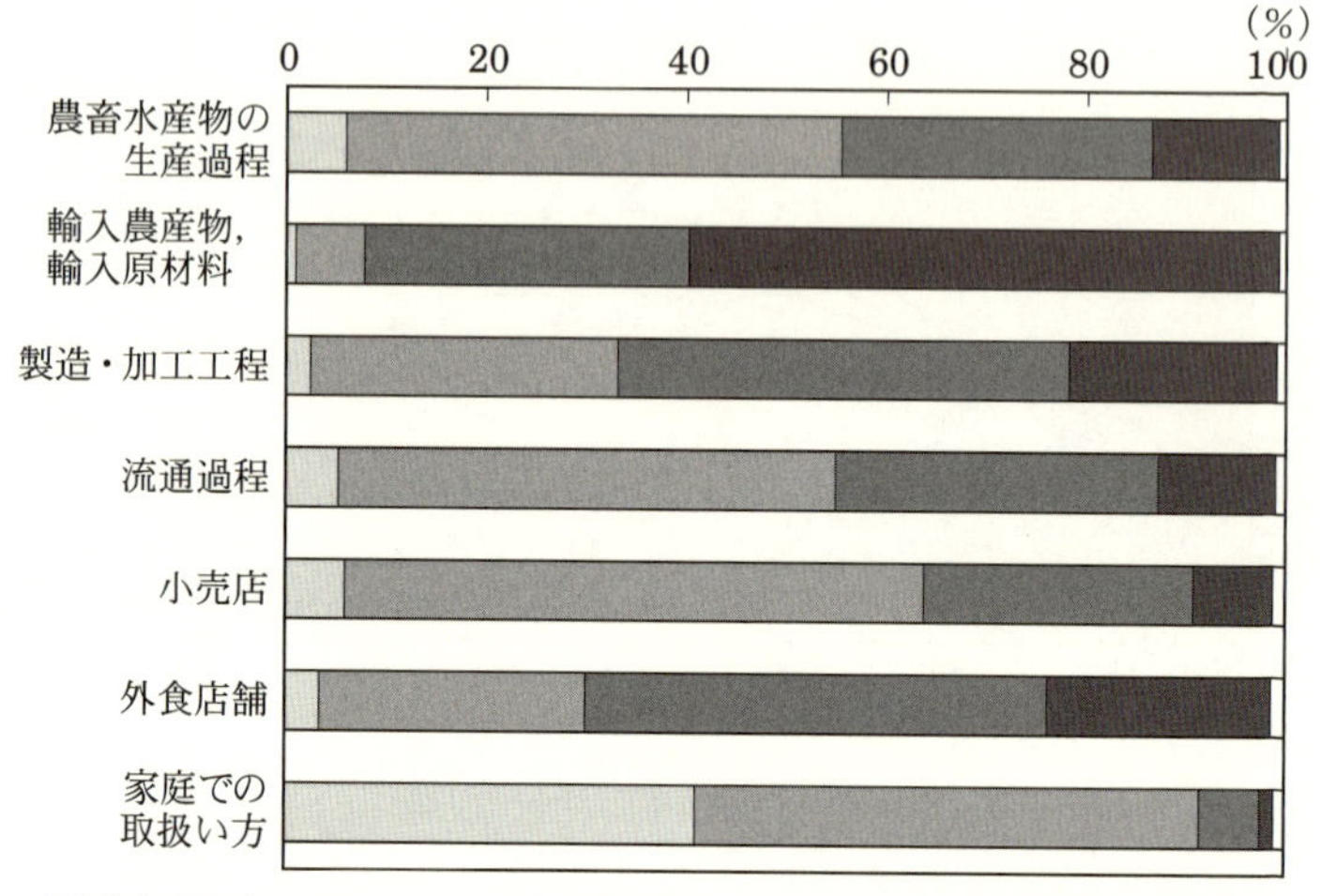

図 1-9　食品について安心と感じているか，不安と感じているか

注　食料品消費モニター（全国主要都市に在住する一般消費者）1201 名を対象としたアンケート調査結果である．

［資料：農林水産省「平成 19 年度 食料品消費モニター第 3 回定期調査結果」（2008 年 1 月調査）］

大きさとの間にはギャップがある。一般に人は、自分でコントロール可能なリスク、経験があるリスクは実際より小さく感じ、逆に自分でコントロールできない未知のリスクは実際より大きく感じるといわれている。自分で小売店で買ってきて台所で調理することは、手洗いや十分な加熱など自分で気をつけることができるし経験もあるから不安感は大きくないが、輸入農産物はどこで誰が生産し運んできたかがよくわからないし、外食店ではどのような食材をどのように調理しているかが目に見えないため、不安を感じてしまう。

さて、それでは「食と農との間の距離」はなぜ拡大したのであろうか。

結論からいえば、その大きな要因は本章2節で見た私たち自身の食生活の大きな変化である。つまり、国内で供給可能な米の消費量が半減し、畜産物や油脂類の消費が大幅に増加したことは、直接的に食料輸入の増大につながり、「地理的距離の拡大」の最大の要因となった。このことは交通網の発達、冷凍保冷技術や調理・加工技術の向上、農産物規格の整備などによる広域大量流通システムの形成に支えられたものであるが、これらは、輸入のみならず国内における食料流通の広域化ももたらし、「旬」を意識しない「時間的距離」の拡大につながった。

さらには、ライフスタイルの変化と「利便性（コンビニエンス）の誘惑」にかられて「食の外部化」が進行したことは、「社会的（段階的）距離」の拡大をもたらした。

こうして食と農との間の物理的・心理的な距離が拡大し、消費者には生産者の顔が見えにくくなった。つまり、生産者と直接情報交換したり意思疎通することが難しくなり、消費者の食に対する不安感が高まっていると考えられるのだ。知らない間に、自分たちの食卓と食料生産現場との間の距離が非常に長くなってしまったことに気づいた消費者の多くは、安心感を得るために生産者との「顔の見える関係」を強く求めるようになっている。現在、農産物の直売所が各地で開設され盛況を呈し、いわゆる「地産地消」の取組みが全国各地で大きく盛り上がっているのも、このような事情を反映したものであろう。

ところで、抽象的に「食と農との間の距離」という言葉を使ってきたが、その距離は実際にはどの程度の大きさであろうか。どのような指標で計ればよいのであろうか。この距離には心理的な面も含むことから単純に計測することは困難であるが、一定の指標によりその大きさを計測し、日本の食の現状を客観的に把握することは、今後の食を考えていく際に有益であると考えられる。本書で紹介するフード・マイレージという指標は、食料が全体としてどのくらいの距離を運ばれてきているか、すなわち「食と農との間の距離」の計測を試みることを目的の一つとしている。

5 第三の問題点

—食料の海外依存と国内農業の縮小—

食料の海外依存率の上昇とその理由

食料の海外依存率とは

私たちの食の大きな変化は、前節で見たとおり、私たち自身あるいは家族にとって最も身近な健康や食生活（第一の問題点）、食に対する不安感の増大（第二の問題点）といった面で問題をもたらしている。ここでは、もう少し視野を広げて、わが国全体の食料供給や地域における農業生産について見渡してみよう。

現在の私たちの豊かな食生活は、その大きな部分を海外からの輸入食料に依存している。私たちの食生活は、もはや、輸入食料なくしては現実には成り立たない。

このような事情を示すのに最も一般的に用いられる指標は食料自給率である。食料自給率とは、国内の食料供給について国産でどの程度まかなえているかを示すもので、食料全体の自給率を総合的に表す代表的なものの一つがオリジナルカロリーベース（一般には、単に「カロリーベース」または「熱量ベース」と称する）による数値である。なお、「オリジナル」とは、畜産物の自給率は飼料自給率を考慮して計算していることを示しており、たとえば、二〇一五年の牛肉の自給率は四〇％であるが、その飼料の七一％は輸入に依存しているため、オリジナルカロリーベースによる牛肉の自給率は約一二％（四〇％×二九％）となる。

現在（二〇一六年度概算値）、日本のカロリーベースの食料自給率は三八％と、主要先進国の間で最も低い水準にあることはよく知られている。しかし本書では、あえて食料自給率に代えて「食料の海外依存率」という指標により議論を進める。食料の海外依存率とは、一〇〇からカロリーベースの食料自給率の数値を差し引いたもので、日本の場合は六二％となり、食料輸出国はマイナスの数値となる。

ちなみに、フロリダ大学名誉教授ジェームス・R・シンプソン氏は「日本が国際交渉の場などで食料自給率という言葉を使うほど、一〇〇％自給を目指しているかのようなイメージを持たれてしまう」とし、自給率よりも海外依存率といった数値を使った方が望ましいと指摘している（『これでいいのか日本の食料』、家の光協会）。

食料の海外依存率の推移

図1-10は、日本を含む主要国の食料の海外依存率の推移を示したものである。

一九六一年の日本の海外依存率は二二％で、イギリスやドイツと比べても、日本の方が低かった。ところが、日本の食料の海外依存率は、その後、急速に右上がりで上昇し、近年は約六〇％という水準で横ばいとなっている。これは、主要先進国の中で突出して高く、イギリス、ドイツなどが、この期間、海外依存率を低下させてきているのとは対照的である。

さらに、食料の中でも熱量の供給源として最も重要な穀物について見ると、日本の海外依存

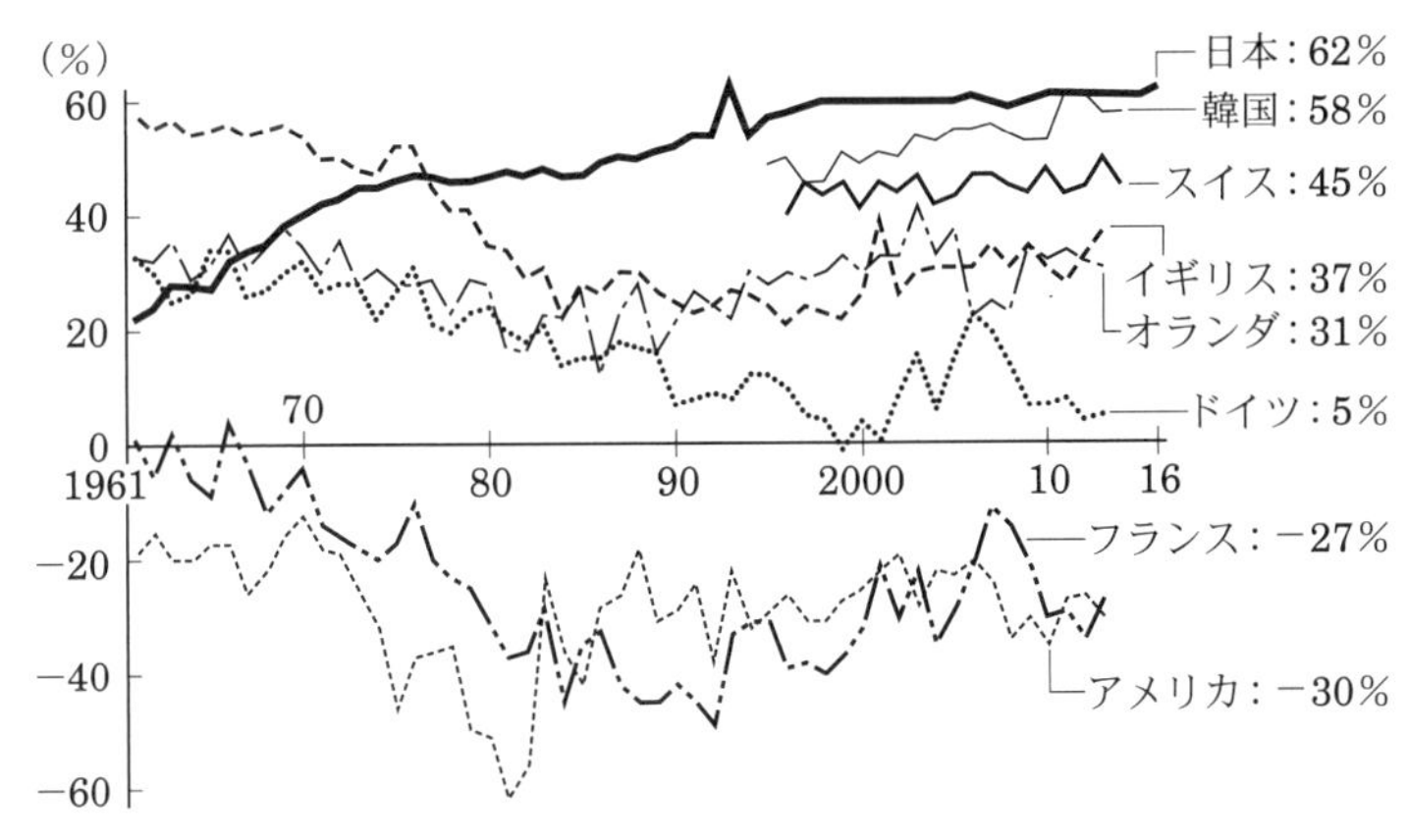

図 1-10　食料の海外依存率の推移（カロリーベース）

注 食料の海外依存率＝100－食料自給率
［資料：農林水産省「食料需給表」］

率は七一%となる。これは、先進国はもとよりインド（マイナス九%、つまり穀物は輸出している）、バングラデシュ（マイナス四%）、インドネシア（一三%）など、食料不足が懸念されるこれらの国々と比べても突出している（農林水産省「食料需給表」、二〇一五年）。もっとも、日本の極端に低い数値は、飼料用の穀物を含んでいるためで、主食用穀物に限定すれば海外依存率は四〇%となるが、それでも、高い水準であることに変わりはない。

さて、日本の食料の海外依存率の高さは、国土条件などから不可避であるかのような見方がある。つまり、日本は島国で国土面積は狭く、さらには山地が多い中で、約一億三〇〇〇万人という多くの人口を擁しているため、食料供給の大きな部分は海外に依存せざるを得ないというものである。しかし、一九六〇年代初頭の段階では、日本の食料の海外依存率は二〇％台にすぎなかったのである。当時の日本が現在より広い国土を有していたわけでもなければ、人口が何分の一と少なかったわけでもない。つまり、現在の日本の食料の海外依存率の高さは、国土条件などによって宿命づけられているわけではないのだ。

食料の海外依存率が上昇した理由

それでは、日本における食料の海外依存率が大きく上昇した理由は何であったのか。宅地化などによる農地の減少や農産物の関税引下げによる輸入増加の影響もあったが、これらはいずれも海外依存率上昇の主たる要因ではない。

食料の海外依存率がここまで大きく上昇した最大の理由は、私たち自身の食生活の変化である。食生活パターンの変化がなぜ食料の海外依存率の上昇につながったか、その理由を次ページの図1-11により説明する。

長方形の柱は、国民一人当たりの供給熱量の構成を示している。縦軸は品目別の構成割合、横軸は国産と輸入の内訳で、濃い灰色の部分が自給（国産）部分、白い部分が輸入（海外依存）部分である。なお、畜産物の薄い灰色の部分は輸入飼料により国内で生産されている分であり、オリジナルカロリーの計算上は輸入として扱われる。したがって、長方形の全面積に占

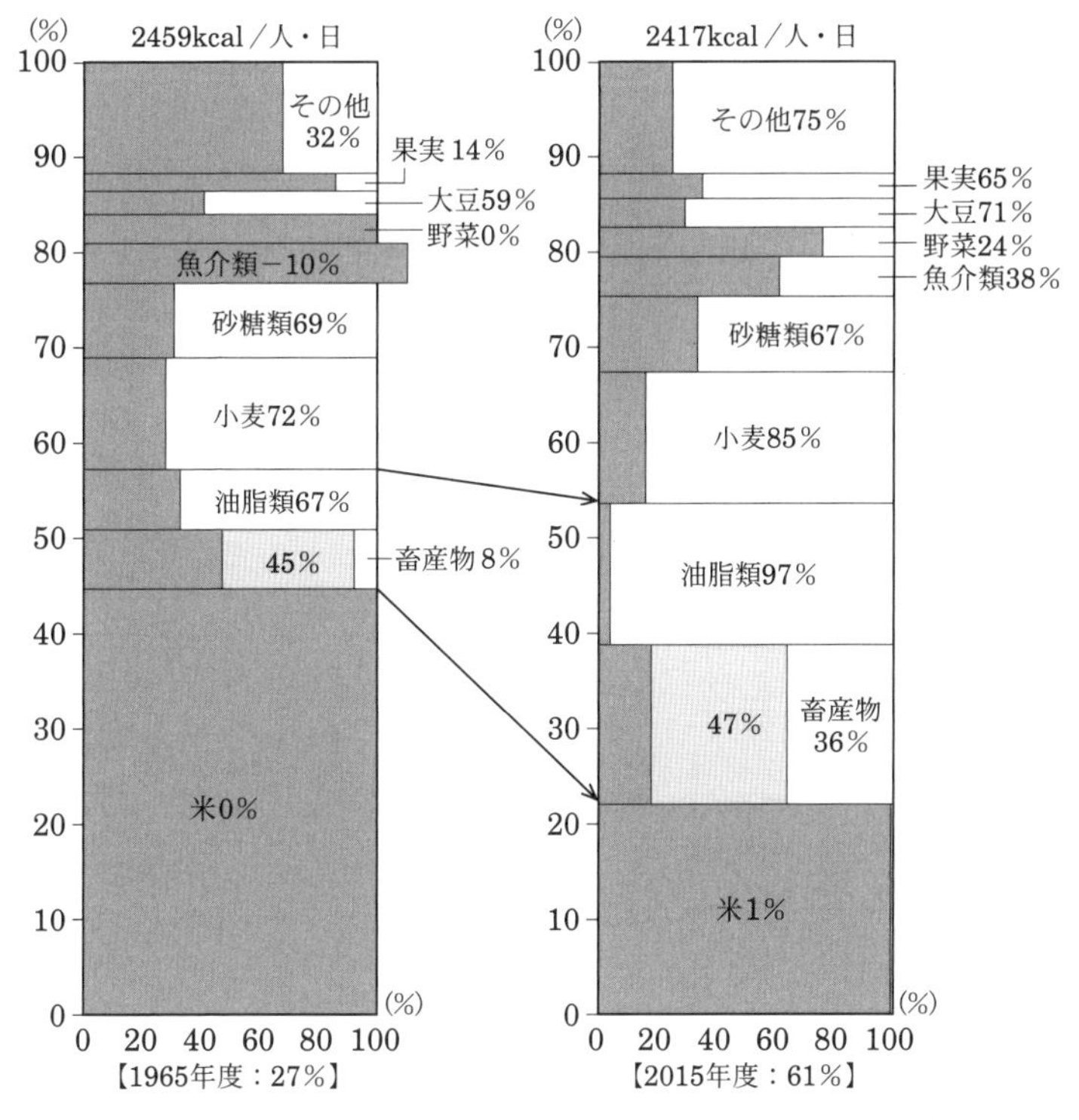

図 1-11　供給熱量の変化と海外依存率（カロリーベース）の変化

注 食料の海外依存率＝100－食料自給率
　畜産物の薄い灰色の部分は輸入飼料により国内で生産されている分である
［資料：農林水産省「食料需給表」］

める白い（薄い灰色を含む）部分の面積の割合が海外依存率となる。

　左が一九六五年度、右が二〇一五年度で、一見して白い部分の面積が拡大していることが見て取れる。この間、食料の海外依存率は二七％から六一％へと大きく高まった。それでは、図の中のどこで白い部分が増加しているだろうか。

　柱の下半分（米、畜産物、油脂類の部分）で白い部分の面積が大きく増加している。米の濃い灰色の部分が大きく縮小するとともに、代わって畜産物と油脂類の白い部分が大きく拡大している。

　米は、温帯モンスーン地帯に属する日本の気候風土に合った作物であり、現在もほぼ一〇〇％近く自給されている。この自給可能な米の供給熱量に占めるシェアが大きく縮小したことが、食料全体の海外依存率を上昇させた直接的な理由の第一である。そして、米に代わって供給熱量に占めるウェイトを大きく増加させた品目が畜産物と油脂類であるが、畜産物の生産のための飼料用穀物や油脂生産のための油糧種子（大豆、菜種など）は、そのほとんどを海外からの輸入に依存している。つまり、図の畜産物や油脂類の部分は、縦軸で見て増大すると同時に、横軸で見て白い部分を拡大させている。

　2節で見たような私たちの食生活パターンの大きな変化に対応するために、畜産物や油脂類の大幅な供給増が必要となった。

畜産物の増産のためには、飼料の供給増が不可欠である。畜産とは、飼料を家畜に与え、食肉や乳製品、卵といったより高度な（高価な）食品に加工する過程といえる。畜産物の生産のためにはその数倍の飼料が必要であり、たとえば、牛肉一キログラムの生産のためには一一キログラム、豚肉一キログラムのためには七キログラム、鶏肉一キログラムのためには四キログラム、鶏卵一キログラムのためには三キログラムの飼料が必要とされる（トウモロコシ換算。農林水産省）。

油脂類も似た状況にある。食用の油脂類の八五％は植物性であるが、一キログラムの大豆油をしぼるためには約五キログラムの大豆が、一キログラムのなたね油をしぼるためには約二キログラムのなたねが必要とされる。つまり、畜産物や油脂類の供給拡大のためには、その数倍の飼料や大豆などの供給増が必要となる。

これら飼料用穀物や油糧種子は、一般に生産のために広い農地を必要とすることから「土地利用型」作物とよばれる（ちなみに、ハウス栽培される野菜や畜舎で飼われる鶏などは「施設型」とよばれる）。これら作物を日本国内で増産しようとすると、相対的に高コストとならざるを得ないため、これら需要が急増した飼料用穀物や油糧種子の供給のほとんどを、安価な輸入品に依存することとなった。

これは、日本全体の経済効率性の観点から見れば合理的な選択であった。トウモロコシや大豆などの多くは、アメリカなどの遠隔地から長距離輸送を経て輸入されているが、まとまった量を一度に輸送すれば単位数量当たりのコストは安くすむのだから、その輸送距離の長さは問題とはならなかった。

ちなみに、アメリカからの飼料穀物などの輸入に使われているのは積載量五〜八万トン程度のばら積み貨物船（バルカー）で、一般に「パナマックス型」とよばれる。これはパナマ運河を通過できる最大限のサイズという意味で、言葉どおり、物理的に極限まで大きい貨物船によって、飼料穀物などは低コストで大量輸送されているのだ。ただし、ここでいうコストには輸送に伴う環境負荷は含まれていない（なお、二〇一六年にはパナマ運河が拡張され、さらに大きな船舶の通行が可能となっている）。

このように、私たち自身が、誰に強制されたわけでもなく自らの意志でより美味しいものを選択するようになった結果、食料の海外依存率は大幅に上昇したのだ。ちなみに、イギリスやドイツで海外依存率が低下した背景には、ＥＵの共通農業政策など政策的な要因もあるが、両国の食生活パターンが日本ほど変わっていないという事情もある（図1-10参照）。

国内農業の縮小

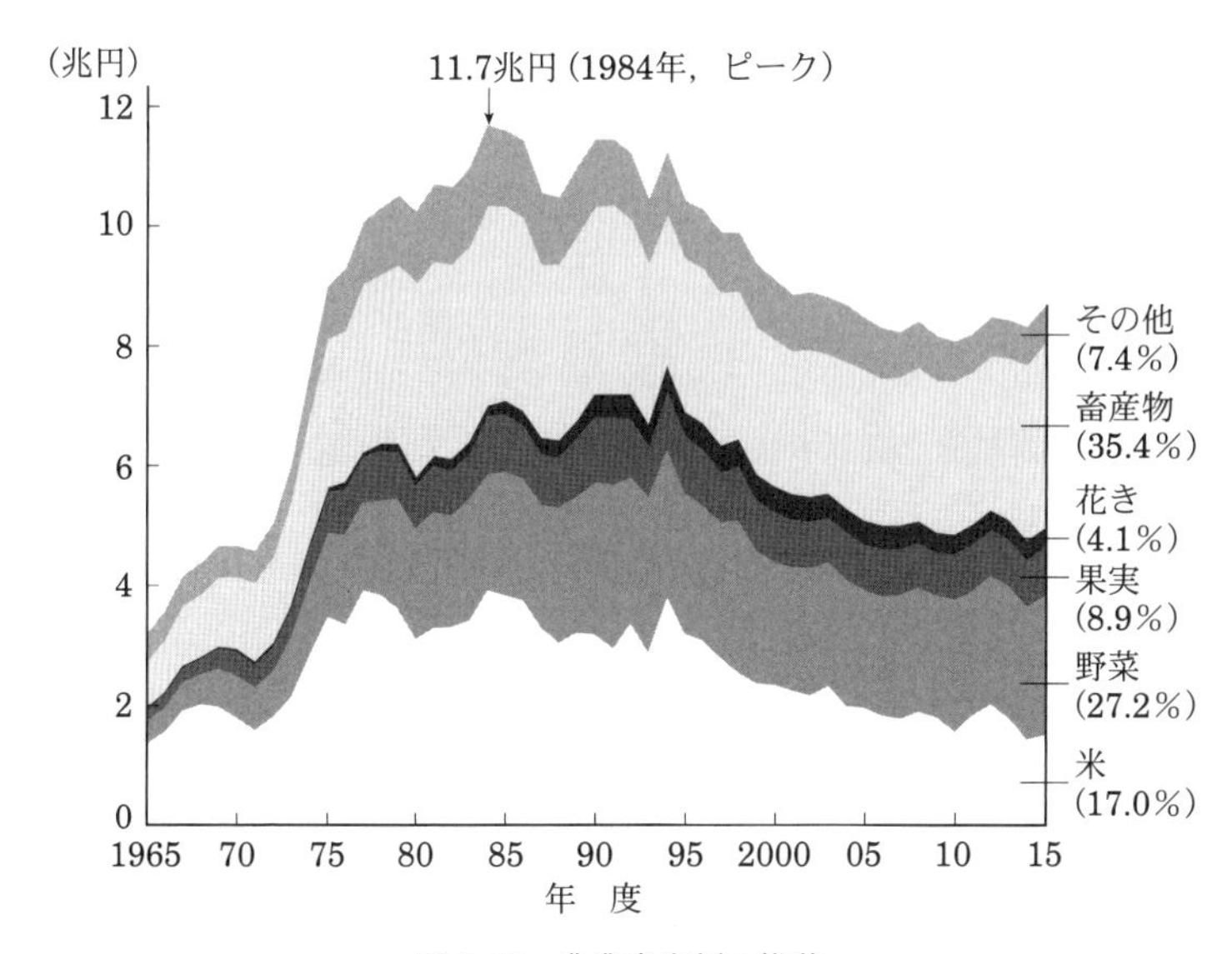

図 1-12　農業産出額の推移
［資料：農林水産省「生産農業所得統計」］

食生活パターンの大きな変化に対応した食料輸入の大幅な増大は、国内農業にも大きな影響を及ぼしている。

農業産出額の縮小

図1-12は、農業産出額の推移である。一九六〇年には二兆円弱であった農業産出額は、経済の高度成長と軌を一にするように一九八〇年代前半にかけ拡大したが、一九八四年の一一兆七〇〇〇億円をピークに減少に転じ、近年は四分の三の水準で推移している（二〇一五年は八兆八〇〇〇億円）。この結果、国民経済全体における農業の地位は大きく低

下し、国内総生産に占める農業総生産のシェアは近年はほぼ一％程度の水準にすぎない。

生産額の推移を品目別に見ると、とくに米の落ち込みが大きく、ピーク時（一九八四年）の三八％へと大きく減少している。

農業生産基盤のぜい弱化

このように農業生産が縮小するのと併行して、国内における農業生産基盤のぜい弱化が構造的に進行している。

一九六〇年には一一七五万人であった基幹的農業従事者（普段の主な状態が仕事が主で、かつ、主として農業に従事している者）の数は、二〇一六年には一五九万人へと、実に一割強の水準にまで減少するとともに、急速な高齢化が進行している。また、農地面積は、一九六〇年の六〇七万ヘクタールから二〇一六年には四四七万ヘクタールへと、二六％減少している。とくに近年は、農業労働力の減少と高齢化を反映し、不作付地や荒廃農地が大きく増加している。また、一九六〇年には一三四％あった耕地利用率（耕地面積に対する作付延べ面積の割合）も、二〇一六年には九二％へと、低下傾向で推移している。（図1-13）。

さらには、これら農業生産の縮小と過疎化・高齢化に伴い、日本の国土の大半を占める農村部においては、いわゆる「限界集落」など、地域社会の維持そのものが困難となっている地域

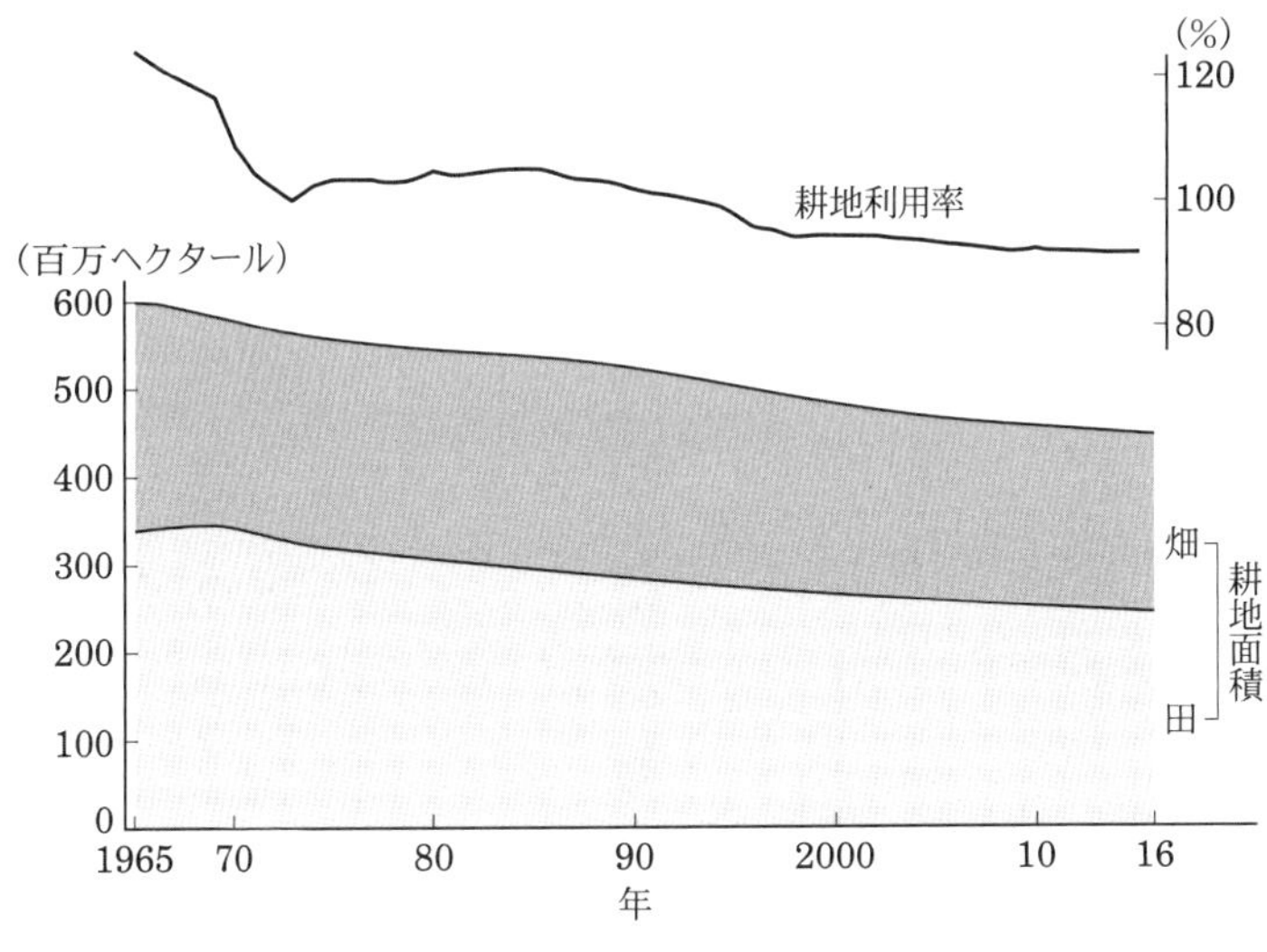

図 1-13　耕地面積と耕地利用率の推移
［資料：農林水産省「作物統計」］

も広範に見られるようになっている。

なお、農林水産省は、最近、食料自給率とは別に「食料自給力」指標も公表するようになっている。これは、日本の食料の潜在生産能力の動向を把握するため、国内生産のみでどれだけの食料を最大限生産することが可能かを試算した指標であり、農地面積の減少や平均単収の伸び悩みなどにより、全体として低下傾向で推移している。ちなみにカロリーベースの食料自給率は、二〇一〇年度から五年連続三九％で横ばいで推移（二〇一六年度には三八％へと一ポイント低下）しているが、この間も、食料自給力指標は低下を続けているのだ。

食料の海外依存率自体は、全体の食料供給に占める輸入と国内生産の割合を計算したものにすぎず、天候などにより短期的に増減するものである。その意味では、数字自体にそれほど大きな意味はないという考え方もできるが、国内の農業生産を支える基盤、いわば国内における「食料供給力（自給力）」がぜい弱化していることは深刻に受け止めるべきであろう。農業労働力や農地がなくなれば、いくら国産の食料を選ぼうとしても不可能なことになるのだから。

6 「食育」に対する関心と期待の高まり

以上述べてきたように、食生活の変化に伴うさまざまな問題が顕在化してきていることを受けて、近年、食育の必要性に対する認識が高まるとともに、さまざまな食育の取組みが盛んとなっている。

そのきっかけの一つとなったのは、二〇〇五年七月の「食育基本法」の施行である。この法案の審議は、二度の継続審査の手続きを経て三回の国会にわたったという経緯がある。これは、そもそも食といった極めて個人や家庭のプライベートな分野に属することについて、国家が口

表 1-3　食育の推進に関する施策についての基本的な方針

項　　目	内　　　容
1. 若い世代を中心とした食育の推進	食に関する知識や意識，実践状況等の面で他の世代より課題が多い若い世代を中心として，食に関する知識を深め，意識を高め，心身の健康を増進する健全な食生活を実践することができるように食育を推進する．
2. 多様な暮らしに対応した食育の推進	地域や関係団体の連携・協働を図りつつ，コミュニケーションや豊かな食体験にもつながる共食の機会の提供等を行う食育を推進する．
3. 健康寿命の延伸につながる食育の推進	様々な関係者が主体的かつ多様な連携・協働を図りながら，健康寿命の延伸につながる減塩等の推進やメタボリックシンドローム，肥満・やせ，低栄養の予防や改善等を推進する．
4. 食の循環や環境を意識した食育の推進	国，地方公共団体，食品関連事業者，国民等の様々な関係者が連携しながら，生産から消費までの一連の食の循環を意識しつつ，食品ロスの削減等，環境にも配慮した食育を推進する
5. 食文化の継承に向けた食育の推進	「和食」がユネスコ無形文化遺産に登録されたことも踏まえ，食育活動を通じて，郷土料理，伝統食材，食事の作法等，伝統的な食文化に関する国民の関心と理解を深めるなどにより伝統的な食文化の保護・継承を推進する

［出典：食育推進会議「第３次食育推進基本計画」］

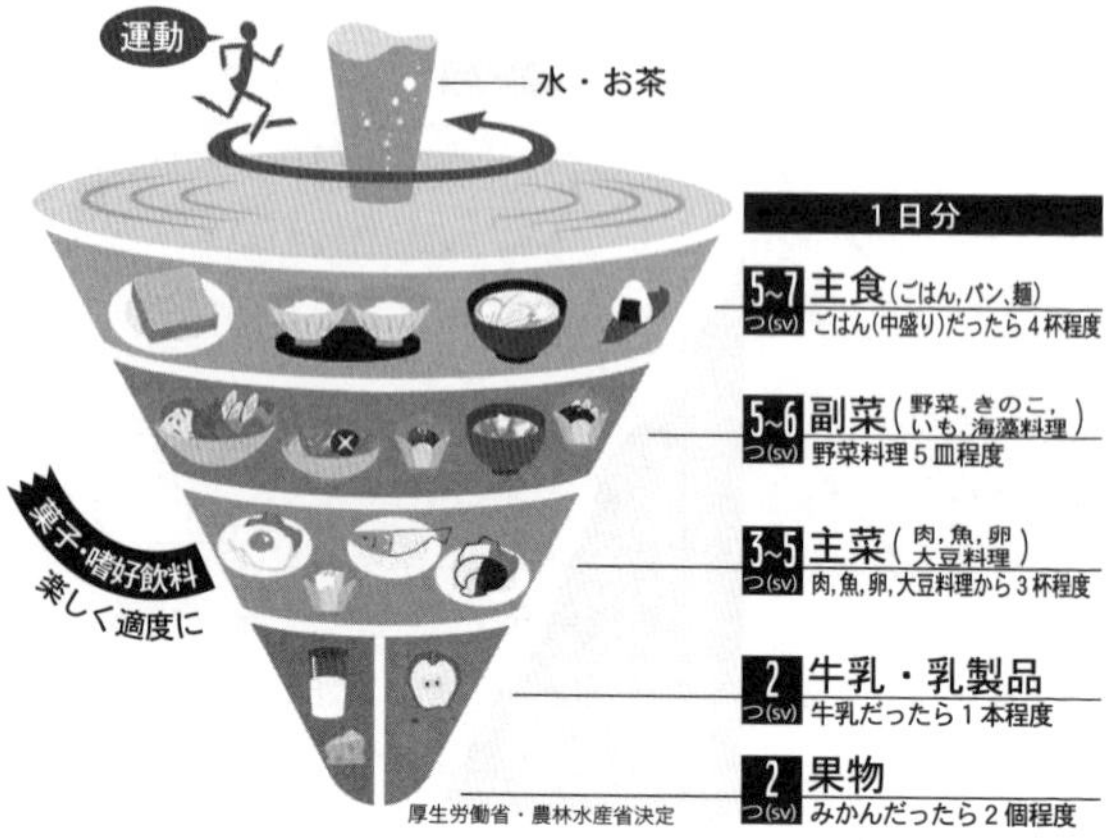

図1-14　食事バランスガイド
［出典：厚生労働省，農林水産省資料］

出しするのはいかがかという議論があったためである。

食育は非常に幅広い内容を含んでいる。政府は二〇一六年三月に「第三次食育推進基本計画」を策定した。この中で、「食育の推進に関する施策についての基本的な方針」が表1-3（57ページ）のとおり定められている。

また、食育は国の食料政策においても重要な位置づけが与えられている。

二〇一五年三月に改訂（閣議決定）された「食料・農村・農業基本計画」においては、二〇二五年度を目標年次として、カロリーベースの食料自給率を現在の三九％から四五％へ、生産額ベースの食料自給率を六五％から七三％へと引き上げるという目標が設定されたが、この目標実現のために食料消費面で「重点的に取り組むべき事項」の一つとして、「幅広い関係者による食育の推進と国産農産物の消費拡大、「和食」の保護・継承」の項目が掲げられている。

望ましい食生活の実現のためには、「食事バランスガイド」（図1-14）に示されているように、米や野菜の摂取を拡大するとともに、畜産物や油脂類は控えた方が望ましい。したがって、国民一人ひとりの栄養バランスが改善、つまり、米や野菜の消費が増加して畜産物や油脂類の消費が減少すれば、結果として、食料自給率の向上にも貢献することになる。

今後、地域におけるさまざまな主体による自主的な食育の取組みがさらに盛り上がり、国民運動として展開されていくことが大いに期待される。

7 そして第四の問題点 ―地球全体の資源、環境問題―

ここまでの議論をおさらいすると、食をめぐる深刻な問題とは、第一には私たちにとって最も身近な、自分自身や家族の健康や食生活の乱れであった。第二は「食と農との間の距離」の拡大に伴う食への不安感の高まりの問題であった。そして第三は、食料の海外依存度の上昇と、地域あるいは日本全体として食料供給力（自給力）のぜい弱化という問題であった。

しかしこれらは、栄養バランスや健康はもとより、不安感にしても、あるいは日本の食料供給力（自給力）の問題にしても、結局は自分自身（あるいは家族、地域、日本人）に限定された問題で、あえていえば、利己的なレベルの問題意識にとどまっているのだ。

私たちは、さらに視点を高く広く持ち、私たちの食生活の大きな変化が及ぼしている深刻な問題を直視する必要がある。それは、私たちの現在の食のあり様が、地球全体の資源や環境に大きな影響を及ぼし、大きな負荷を与えているという視点である。このような、私たちの食生活と地球環境との関連については、これまであまり明確には意識されてこなかった。実際、これらの分野に関する研究成果は多いとはいえない。また、国の食育推進基本計画や食料・農業・農林基本計画にも、このような地球環境問題まで意識した内容は含まれていないし、実際に取り組まれているさまざまな食育の活動においても、ここまで意識したものは多くはない。

次章においては、私たちの食が地球全体の資源や環境問題とどのようにつながっているのかについて、さまざまな先行研究の成果などについて見てみよう。

chapter 2

私たちの食と地球環境問題

1 なぜ地球環境問題か
―三つの局面での問題点―

現在の私たちの食生活は、海外からの大量の食料を、長距離輸送を経て輸入していることによって支えられている。このことは、地球上の資源や環境に対して深刻な影響ないし負荷を与えている。その影響ないし負荷は、主に次の三つの局面で生じている。

第一は、日本が輸入する大量の食料の生産のために、輸出国の限られた農地や水といった資源・環境に負荷を与えているという面である。

第二は、日本に大量に持ち込まれている食料という物資が、日本自身の環境に負荷を与えているという面である。

そして第三は、日本が輸入する大量の食料が、長距離輸送の過程で二酸化炭素などの温暖化ガスを排出することにより、地球環境に負荷を与えているという面である。

以下、順次、現在の地球環境や資源の状況について見渡すとともに、関連する先行研究などの成果について紹介する。

2 輸出国の資源・環境に与えている負荷

海外の農地への依存

一九五〇年には約二五・四億人だった世界の人口は二〇一七年には七五・五億人へと、この間に約三倍に増加した。今後も世界の人口は開発途上国を中心にさらに増加することが見込まれており、二〇一七年の国連の推計によると、二一〇〇年には一一一・八億人に達するものと予想されている（中位推計の場合）。

一方、地球上の陸地面積は全体の二九％で、さらに陸地のうち農地（耕作地、牧場など）の割合は一二％にすぎない。国連環境計画（ＵＮＥＰ）によると、世界全体の陸地面積の約七・二％が砂漠化地域とされ、現在、二億五千万人以上の人々が砂漠化の影響下にあり、さらに一〇〇以上の国、一〇億人以上の人々が砂漠化の影響を受ける危険性があるとされている。

このようななか、過去五〇年間の世界の穀物の収穫面積はほぼ横ばいであるが、一人当たりの収穫面積は一九六一年の二一アールから二〇一六年には九・五アールへと半分以下に減少し

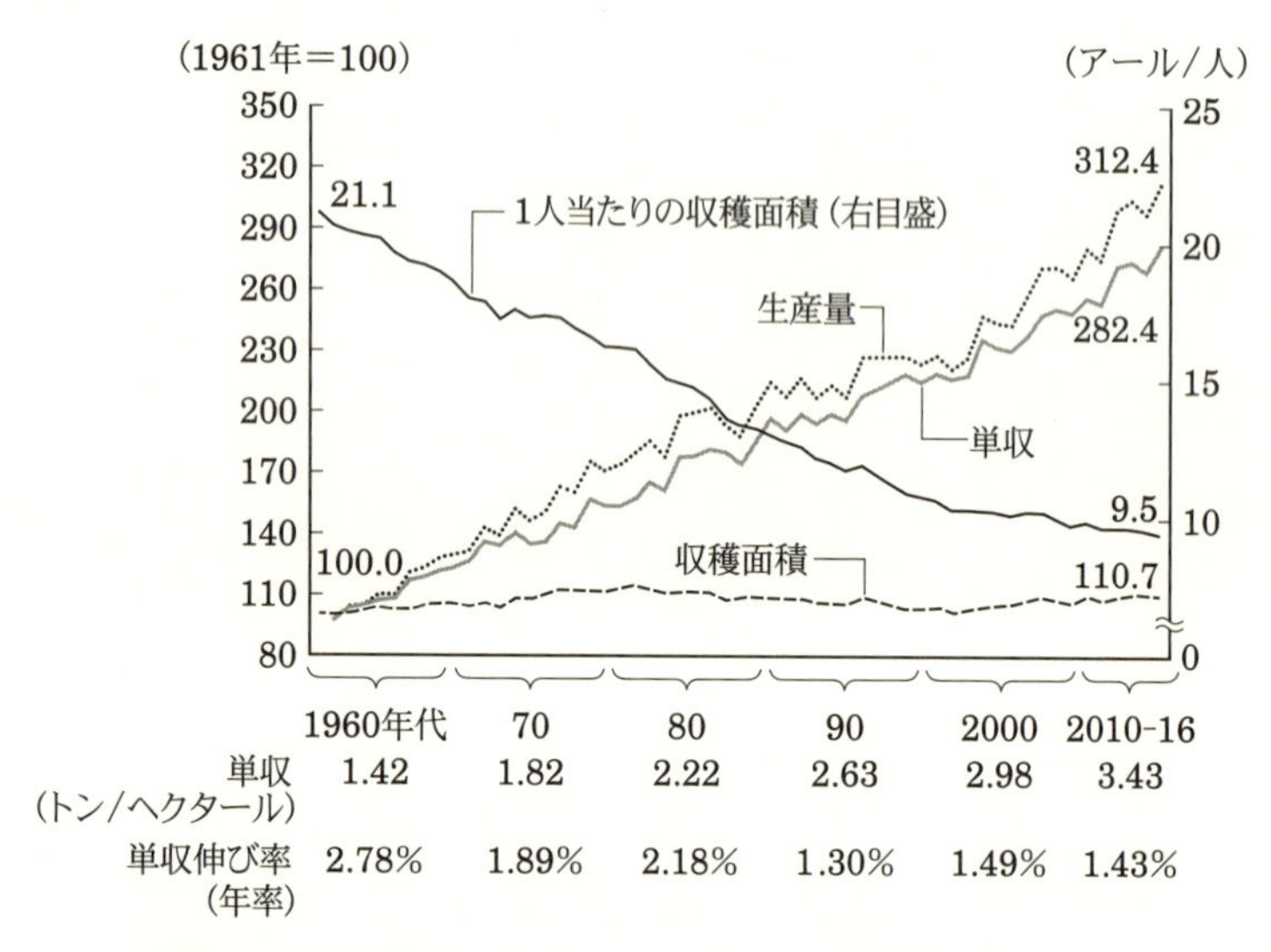

図 2-1　世界の穀物生産量，1人当たりの収穫面積などの推移

注　穀物は，小麦，粗粒穀物（とうもろこし，大麦など），米（精米）の合計

資料：米国農務省「PS&D」，国連「World Population Prospects: The 2015 Revision」をもとに農林水産省で作成（平成29（2017）年3月末時点）

［出典：農林水産省「2016年度食料・農業・農村白書」］

ている（図2-1）。しかしながら、この間、世界的に深刻な食料不足が顕在化しなかったのは、この間の穀物の単収（単位面積当たりの収穫量）が二・八倍へと大きく上昇したためである。これにより、収穫面積は横ばいでも生産量は三・一倍に増加し、これまでは人口増などに伴う食料需要の増加に対応できていた。

このような単収の大幅上昇は「緑の革命」ともよばれたが、品種改良、肥料や農薬の投入増加、かんがい施設などインフラ整備によって実現された。しかし、近年は単収の伸びは徐々に鈍化しており、今後は技術面での限界性や資源制約などから今までのような大きな伸びは期待できない。また、水資源の枯渇、塩害、砂漠化の進行、異常気象など多くの不安定要素があることから、穀物などの国際需給は中長期的にはひっ迫する可能性もある。さらに近年は、トウモロコシなどの燃料（バイオエタノールなど）としての利用が増大しており、新たなひっ迫要因となっている。

とくに今後の動向が注目されるのは、人口大国・中国の動向である。現在の中国の著しい経済発展は、世界の食料需給に大きな影響を及ぼしている。かつては穀物などの大輸出国であったのが、現在は輸入国に転じており、今後、穀物などの国際需給に対する中国の経済発展の影響は、さらに大きなものとなる可能性がある。それは、単に中国の人口の多さだけによるものではない。つまり、かつての日本人がそうであったように、所得水準の上昇に伴い食生活が高度化すると、肉類の消費が増加してくることが予想されるのだ。これまで穀物として人間が直接消費していたのが、畜産の飼料に回され、畜産物として消費されるようになる。

第1章（chapter 1）でも触れたように、畜産物の生産のためにはその数倍の飼料が必要である（牛肉は一一倍、豚肉は七倍、鶏卵は三倍など）。このため、現在、一四億人以上とされる中国の膨大な人口が、今後、さらに肉食志向を強めた場合、世界のマーケットにおける穀物に対する需要はかつてないスピードで増加することが予想され、世界的に食料の絶対量が不足するといった状況におちいることさえ懸念されるのだ。ちなみに、インドは、将来は中国以上の人口大国となることが予想されているが、宗教上の理由から食肉消費はそれほど伸びず、中国ほどの影響はないとの見方もある。

このような状況の中で、日本は食料供給の大きな部分を輸入に依存している。これを農地から見ると、日本は、海外の農地という資源を使って（借りて）自分たちの食料を生産していることになる。

農林水産省の試算によると、日本が輸入している主な農産物の生産に必要な海外の作付面積、言い換えれば、国内の食料需要を満たすために使用している海外の農地面積は約一〇八〇万ヘクタールとされている。これは、日本の農地面積の、実に二・四倍に相当する。つまり、日本は自国の農地の二・四倍の農地を海外に依存しているのだ。

海外に依存している農地面積の内訳を見ると、トウモロコシ、大豆、畜産物が大きな割合を占めており、畜産物や油脂類を大量に消費している日本の食生活の現状を如実に反映している（2ページあとのイラスト参照）。

日本国内の農地面積は、先に述べたように一九六〇年の六〇七万ヘクタールから二〇一六年の四四七万ヘクタールへと四分の三以下に減少しており、近年は、不作付地や荒廃農地が大きく増加している。また、耕地利用率の低下に見られるように、その利用の程度も粗放化しつつある。

このように、私たちは国内の農地資源を効率的に利用することなく、多くを遊休化させておきながら、砂漠化が進みつつある貴重な海外の農地資源を利用している実態にある。

仮想水（バーチャル・ウォーター）の考え方

次に、食料生産において土地と並ぶ最も重要な資源である水についてみてみよう。

地球は水の惑星とよばれるように、豊かな水資源に恵まれている印象があるが、実は地球上の水資源のうち淡水は約二・五％にすぎず、さらに、飲料水、生活用水、生産活動に利用可能な地下水、河川、湖沼などは全体の〇・八％未満にすぎない。

このため、人口の多くがいわゆる「水ストレス」に直面している。水ストレスとは、再生可能な水資源の量に対する人間が取水する水の量の比率が二〇％以上である状態のことで、現在、世界人口のうち二〇億人以上が水ストレスの状態にあるとされており、今後、人口や取水量の増加により、さらに増加すると予測されている。

日本は、このような状況のなかで、食料というかたちで大量の水を輸入しているという見方がある。それが仮想水（バーチャル・ウォーター）という考え方である。

海外に依存している輸入品目別の農地面積（試算）…………

海外（の農地）に依存している日本人の食

日本は食料の62%を海外に依存している。輸入している農産物の生産に必要な海外の作付面積を試算すると約1080万ヘクタールとなり、日本国内の農地面積の約2.6倍に当たる。つまり、私たちは自国の農地の2.4倍の農地が海外に必要となる。

資料:農林水産省「食料需給表」、「耕地及び作付面積統計」などをもとに農林水産省で試算。
注:試算に際しては、1年1作を前提。
出典:農林水産省『2016年度 食料・農業・農村白書』

東京大学生産技術研究所の沖大幹教授などのグループは、日本の仮想水の輸入量について試算を行っている。それによると、仮想水とは、厳密には消費国（輸入国）でもし食料などをつくっていたとしたら必要であった水資源量、言い換えれば、食料などを輸入することにより輸入国で節約された水資源の量を見積もった数値のことである。

食料の生産には、トウモロコシではその生産量の一九〇〇倍、小麦では二〇〇〇倍、豚肉では六〇〇〇倍、牛肉では二一〇〇〇倍という大量の水が必要となる。そして、日本が年間に輸入している食料などの量から推計すると、日本の仮想水の総輸入量は年間約六四〇億立方メートルと推計される（図2-2）。日本国内における一年間の総水資源使用量は約九〇〇億立方メートル、年間かんがい用水は約五七〇億立方メートルとされていることから、日本は、国内において使用している水資源量のほぼ三分の二の量を、海外に依存しているといえる。なお、仮想水の総輸入量の九八％は食料（飼料、油糧種子を含む）であり、しかも、飼料穀物、油糧種子、畜産物がその八割を占めている。

このように、畜産物や油脂類を大量に消費している私たちの食生活は、海外の水資源にも大きく依存しており、同時に世界の乏しい水資源に負荷を与えている。

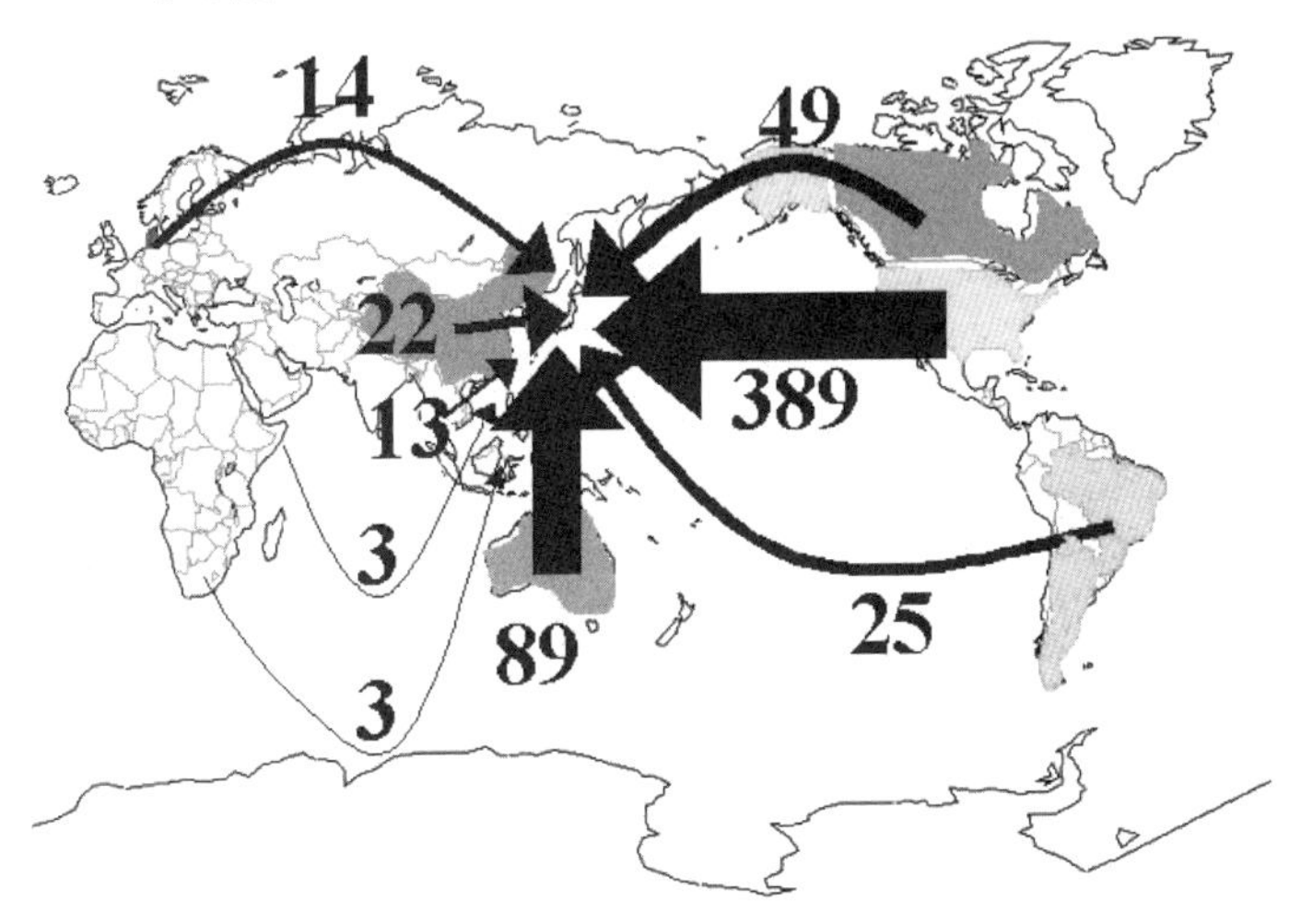

日本への品目別仮想投入水量
（億立方メートル/年）

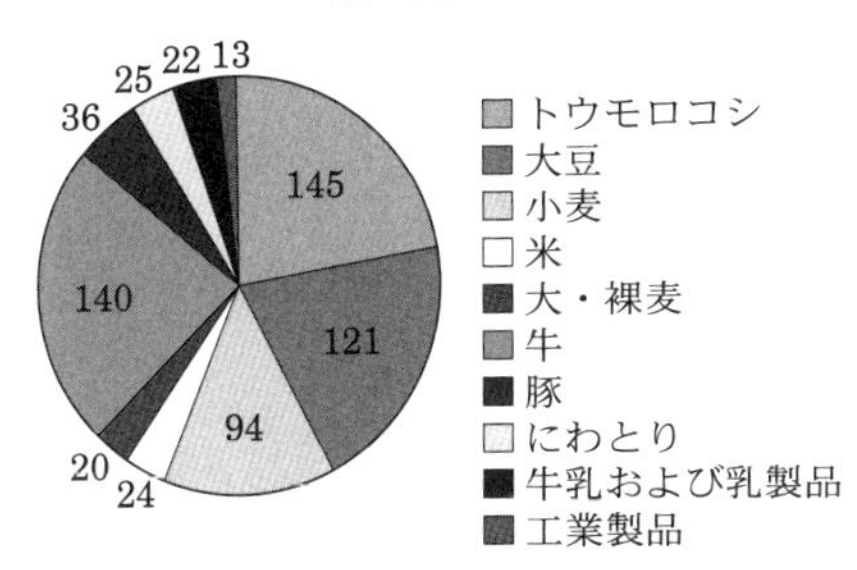

図 2-2　日本の仮想投入水総輸入量（上の世界地図）

［出典：東京大学生産技術研究所『世界の水危機，日本の水問題』］
総輸入量：640 億立方メートル／年，日本国内の年間かんがい用水使用量：570 億立方メートル／年

エコロジカル・フットプリント

食料に限らず、より幅広い経済活動全般のために必要とされるさまざまな資源を視野に入れた指標に「エコロジカル・フットプリント」というものがある。フットプリントとは「足跡」という意味であるが、エコロジカル・フットプリントとは、いわば経済活動によってどの程度の生態系を踏みつけているかを表したものといえる。

同志社大学の和田喜彦先生が理事（会長）をされているNPO法人エコロジカル・フットプリント・ジャパンのウェブサイトによると、エコロジカル・フットプリント（エコフット）とは、どれほど人間が自然環境に依存しているかをわかりやすく伝える指標、ツール（道具）で、人間がそれぞれの地域において行っている生活や経済活動（当然、これには食料消費も含まれる）を持続的に支えていくために必要な土地、森林、水域などの面積で表されるという。食料生産に関して具体的にいえば、その生産のための農地や海洋の表面積であり、これには輸入食料の生産に要する面積も含まれる。そして、一人当たりのエコロジカル・フットプリント（ヘクタール／人）を見れば、エリアの適正規模（環境収容力）をどの程度超えた経済活動をしているかが一目でわかることになる。

○2　日本人のエコロジカル・フットプリントは？
　日本のエコロジカル・フットプリント：4.3 ha／人
　世界合計（公平な割り当て面積）では：1.8 ha／人
▽
世界中の人々が日本人のような暮らしをはじめたら，地球が約2.4コ（4.8÷1.8）必要です！

つまり，日本人は現在の経済（消費）活動のスケールを2分の1以下に戻すことが求められるのです。

（データはWWFの「Living Planet Report 2004」より）

図2-3　日本のエコロジカル・フットプリント
［出典：エコロジカル・フットプリント・ジャパンのウェブサイト］

日本人のエコロジカル・フットプリントを計算すると、一人当たり四・三ヘクタールとなる（図2-3）。これは、地球の環境収容力を全人類に公平に割り当てた場合の一人当たり面積一・八ヘクタールの二・四倍にあたる。つまり、全人類が私たち日本人と同じレベルの生活や経済活動を実現するためには、地球は二・四個必要であることを示している。ちなみに、アメリカのエコロジカル・フットプリントは一人当たり九・五ヘクタールと計算され、世界中の人々が米国人のような暮らしをしようとすれば、五・三個の地球が必要になるという。

このように、エコロジカル・フットプリントはその国の経済活動の水準によって大きく変わる。人類全体が何とか生き永らえ、経済活動を続けているなかで、先進国に住む人間は、豊かな食生活を享受しているのである。

③ 日本自身の環境への影響

以上のように、大量の輸入食料に依存する私たちの食生活は、輸出国など世界の資源や環境に負荷を与えているが、実は大量の食料輸入は、日本自身の環境にも大きな負荷を与えている。

日本全体の物質循環

まず、日本全体の物質収支の状況について見てみよう。

日本は、食料に限らず、資源の多くを海外に大きく依存している。二〇〇〇年における主な資源の輸入依存度を見ると、穀物七一%、木材六七%のほか、原油、石炭、鉄鉱石などはほぼ一〇〇%となっている。このように、大量の物資が毎年輸入される結果、日本の物質収支(マテリアルバランス)は、全体として非常にアンバランスなものとなっているのである。

環境省「環境・循環型社会・生物多様性白書」(二〇一七年版)には、日本における物質フローの模式図が掲載されている。これによると、一六・五億トンの資源などが国内外から投入されているが、このうち八・〇億トンが輸入分である。これに対し、輸出は一・八億トンにすぎない。つまり、日本に入ってくる資源や製品の量に比べて、日本から出ていく製品などの物質量は約四分の一にすぎないのだ(次ページのイラスト参照)。このように資源、製品などの流入量と流出量がアンバランスであるということは、国際的な視野で見ると、適正な物質循環が確保されていない状態と見ることもでき、とくに、「わが国における窒素化合物による公共用水域や地下水への負荷は、諸外国に比べても並外れて多い食料や肥料・飼料などの窒素の輸入により窒素の循環が損なわれていることが原因と見ることもできる」(『環境・循環型社会・生物多様性白書』)としている。

窒素を指標とした農業生産システムの姿

窒素はもともと大気の成分の七八%を占めるなど、自然界に豊富に存在している元素である。一九世紀、大気中の窒素を工業的に固定する方法が開発され、化学肥料が大量に製造・使用されるようになった結果、世界の農業の生産量は飛躍的に増大したが、同時に、地球全体として

非常にアンバランスな日本の物質収支

日本は８億トンの食料や資源を輸入し、1.8億トンの製品などを輸出している。入ってくる量に比べ、出て行く量は4.5分の1に過ぎず、日本の物質フローは非常にアンバランスな状況にある。大量の食料や資源を輸入し続けることは、窒素が蓄積されるなど、日本自身の環境に大きな負荷を与えることになる。

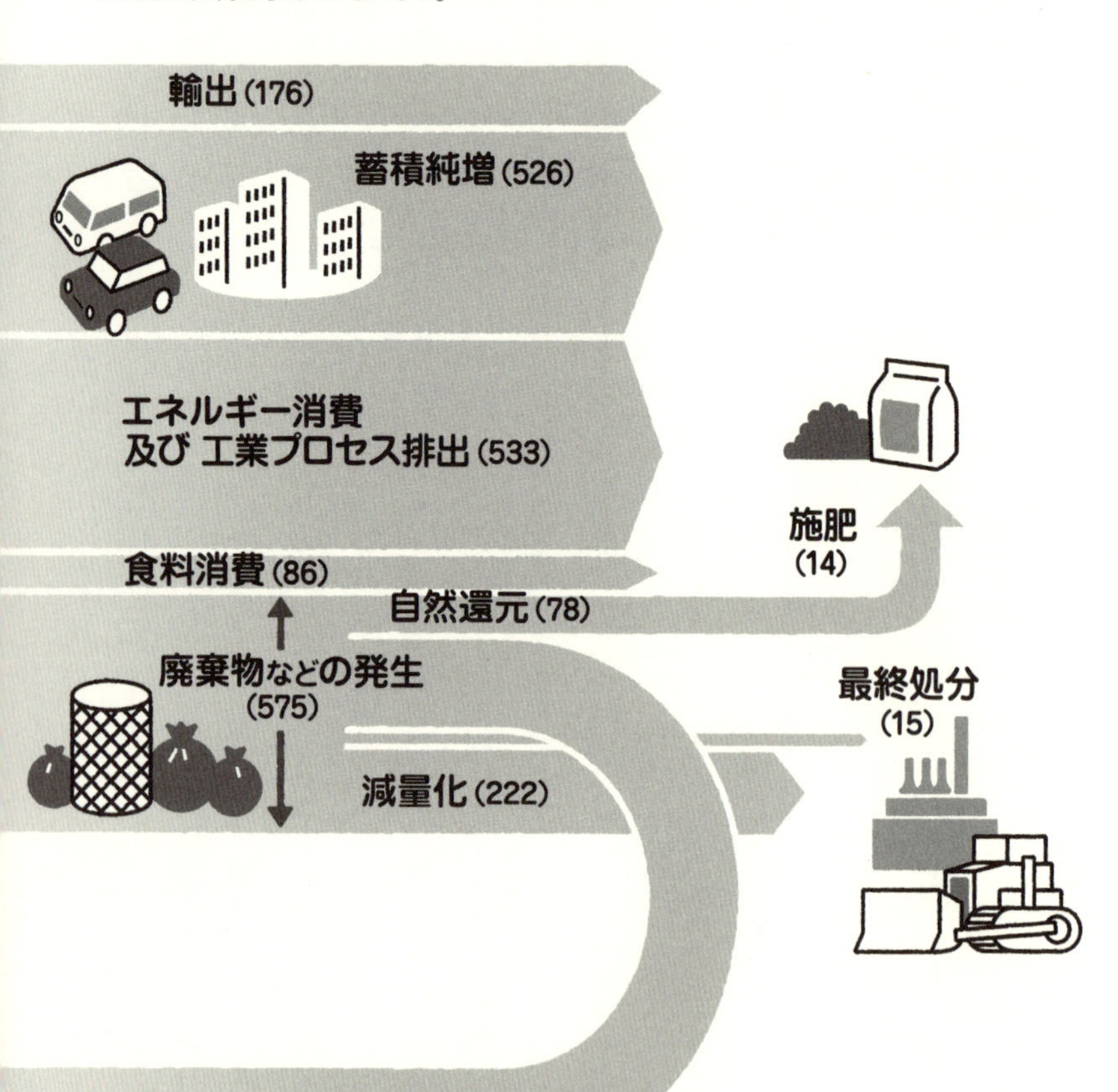

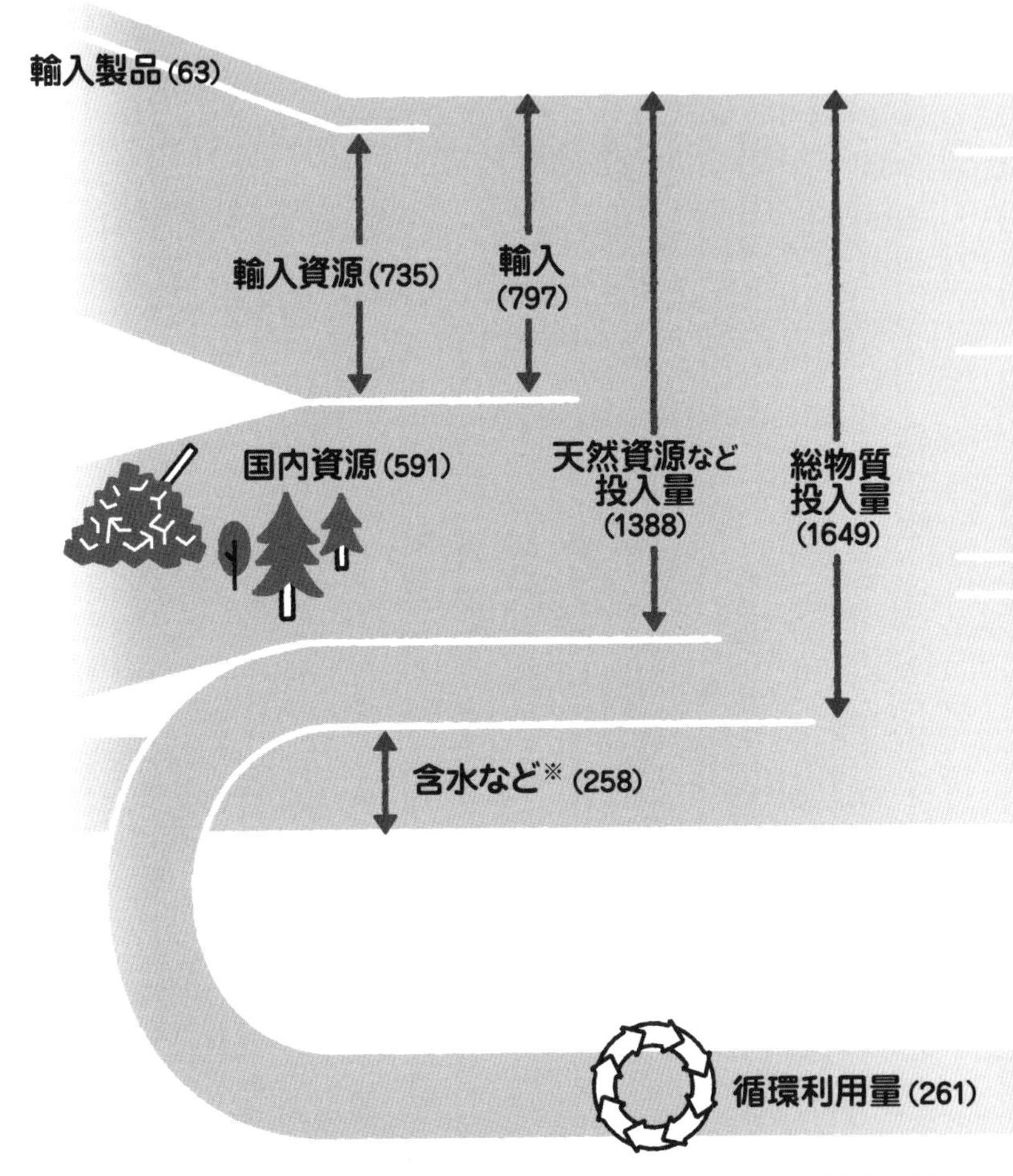

※1：含水など：廃棄物などの含水など（汚泥、家畜ふん尿、し尿、廃酸、廃アルカリ）および経済活動に伴う土砂などの随伴投入（鉱業、建設業、上水道業の汚泥および鉱業の鉱さい）。
出典：環境省『2017年版 環境・循環型社会・生物多様性白書』

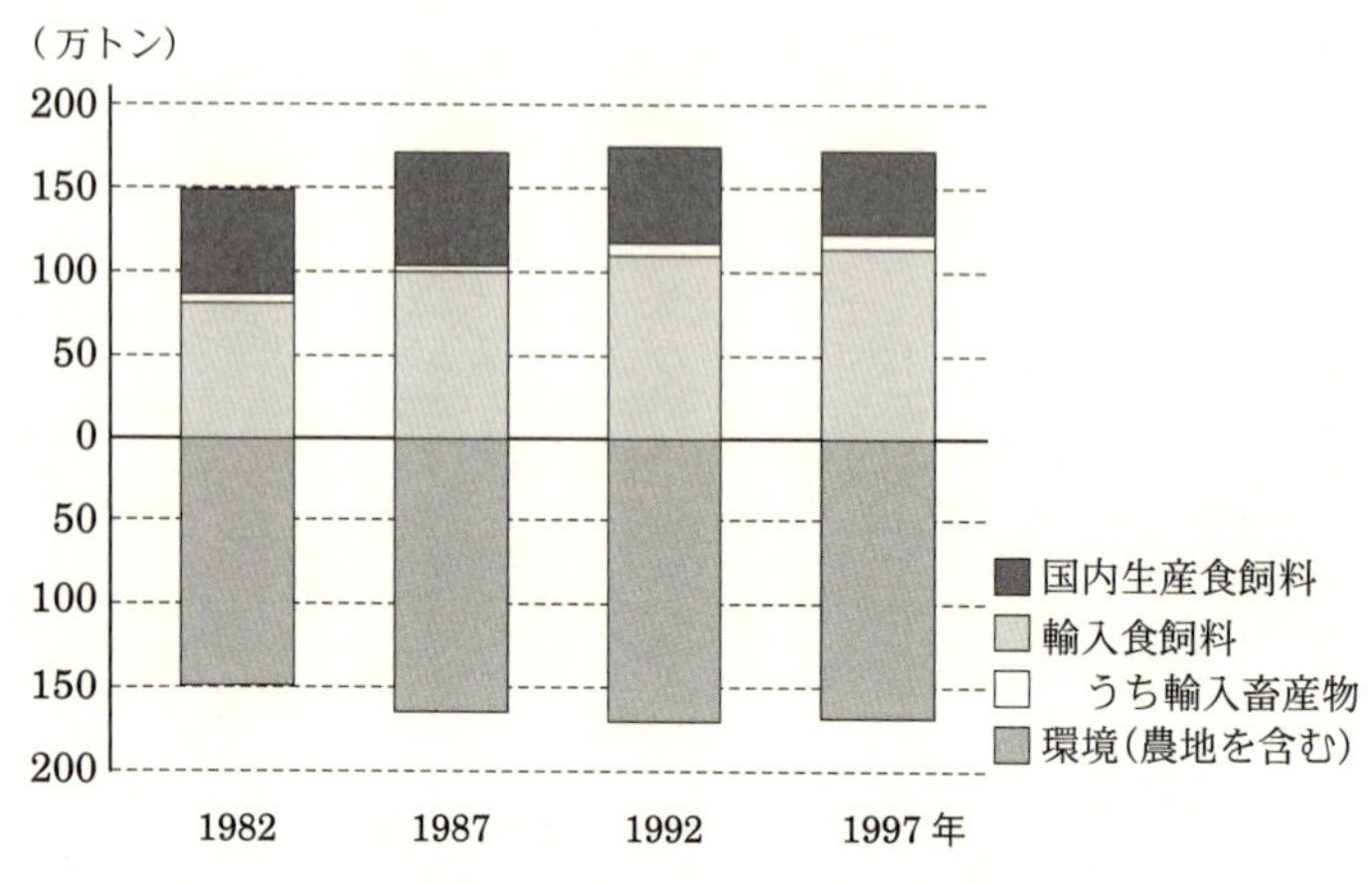

図 2-4　わが国の食料供給システムにおける窒素収支の変遷
［農業環境技術研究所資料より作成］

環境への窒素の蓄積が進行するようになった。

日本においてさらに問題なのは、大量の食料や飼料の輸入により窒素収支がいっそうアンバランスになっていることである。食料の貿易は、農産物にかたちを変えた窒素を輸出入しているのと同じと見ることができる。したがって、食料輸出国では、輸出した食料の生産に費やされたと同量の窒素を農地に補充しないと、地力の減退が生じることとなり、逆に食料輸入国では農地に還元できる以上の窒素の流入があった場合には、環境に対する悪影響が生じることとなる。

農業環境技術研究所は、一九八二年、八七年、九二年、九七年における日本農業生産システムにおける窒素収支の姿を整理している（図2-4）。これによると、一九八二年においては、国内生産食飼料に由来する窒素の量が六三万トン、輸入食飼料に由来するものが八五万トン、うち輸入畜産物に由来するものが三万トンなどで、環境に排出された窒素は一四七万トンであった。

それから一五年後の一九九七年の状況を見ると、国内生産食飼料に由来する窒素の量は約二割減少しているのに対し、輸入食飼料に由来する窒素の量は一・四倍、うち輸入畜産物に由来するものは実に三倍の量となっている。この結果、環境への排出量は一六八万トンと一九八二年に比べ一四％増加している。つまり、国内農業生産が縮小し、化学肥料の投入量が減少した以上に、輸入食飼料や輸入畜産物が増加したため、環境への負荷が増加しているのだ。

この窒素収支のアンバランスを解消するためには、輸入食飼料に由来する畜産廃棄物（糞尿など）を海外に輸出することが必要だが、現実には国内の農地などに蓄積されているのである。

このように、畜産物や油脂類を大量に消費している私たちの食生活に起因する食飼料や畜産物の大量輸入は、窒素の蓄積という過程を通じ、日本自身の環境にも大きな負荷を与えている。

4 長距離輸送に伴う地球環境への負荷

輸送に伴う二酸化炭素排出量の計測(神戸市場の例)

私たちの食生活と地球環境問題のかかわりについての第三の観点は、日本が輸入する大量の食料の長距離輸送の過程で排出する二酸化炭素が、地球環境に与える負荷という観点である。このような観点からの研究の先駆的なものとして、神戸大学大学院の谷口葉子氏と独立行政法人東北農業研究センターの長谷川浩氏(肩書きはいずれも当時)の研究成果を紹介する(「フードマイルズ試算とその意義」二〇〇二年一二月、日本有機農業学会『有機農業研究年報』Vol.2所収)。

谷口氏らは、神戸中央卸売市場に入荷する野菜について、その輸送による環境負荷の大きさを仮想的に計測し、国産品と輸入品との間で比較を行っている。まず、ブロッコリーについて、国産品(香川、鳥取、鹿児島、兵庫県産)と輸入品(アメリカ・カリフォルニア産)との輸送に伴う二酸化炭素排出量を比較すると、輸送距離が国産の約三〇倍と格段に長いアメリカ産は国産の八倍の二酸化炭素を排出していることが明らかとなった。

これに対し、しょうがについて、国産品（高知、熊本県産）と輸入品（中国・山東省産）を比較すると、中国産は、輸送距離そのものは国産の四倍近くあるにもかかわらず、二酸化炭素排出量は一・三倍にとどまることが明らかとなった。これは、輸送機関によって環境負荷の程度が大きく異なることに起因する。中国産は船舶により海上輸送されるのに対して、国内産はすべてトラック輸送によっていると仮定している。このことから、谷口氏らは、「遠い大陸からはるばる農産物を運んでくることは、輸送手段にかかわりなく大きな環境負荷をかけているといえる。しかし、中国などの近隣諸国の場合には、輸入だからといって負荷をかけているとはいえず、トラック輸送に依存した国内輸送体系の再考（鉄道や船舶の利用）をすべきであろう」としている。

ウッドマイレージ

フード・マイレージは食料を対象としたものだが、同様の考え方を木材について適用した「ウッドマイレージ」という指標もある。

提唱しているのは藤原敬氏（前森林総合研究所）である。藤原氏が中心となって設立した一般社団法人ウッドマイルズフォーラムは、「循環型社会の主役としての木材、特に地域材の持つ環境性能についての理解が広がることの重要性に鑑み、ウッドマイルズ関連指標をはじめとする多面的な指標の開発、普及・利活用の実践を通して、トレーサビリティを確保した地域の木質資源の利活用を推進する」としている。

二〇〇〇年のデータをもとに計測を行うと、木材輸入量世界第一位のアメリカのウッドマイレージは八四二億立方メートル・キロメートルだったのに対し、第二位の日本は三八四四億立方メートル・キロメートルと突出していた。これは、アメリカの主要輸入相手国がカナダという隣国であるのに対し、日本は北アメリカ、欧州など遠隔地から輸入しているためである。

また仮に国内で新築される木材住宅をすべて地域の木材を使用した場合には、木材の輸送過程における二酸化炭素を年間およそ一〇〇万トン削減できることが明らかにされている。

議論が不十分な輸送に伴う環境負荷
—地球温暖化問題とのかかわりのなかで—

以上、私たちの食生活の変化に起因する長距離・大量の食料輸入が地球環境に与える負荷に関する先行研究などの成果について紹介してきたが、実は、国際貿易（輸送）に伴う環境負荷

（二酸化炭素など温暖化ガスの排出）に関しては、研究以外の面でも十分に認識されているとは言い難い。

その前に、地球温暖化問題の現状についておさらいしておこう。

二〇〇五年、アメリカで発生したハリケーン・カトリーナが、死者・行方不明者二五〇〇人以上というアメリカ史上最大の気象災害をもたらすなど、気候変動に関連すると考えられる極端な異常気象、海面上昇、深刻な干ばつなどの事象が二〇〇〇年代に入って増加している。「気候変動に関する政府間パネル」（ＩＰＣＣ）は、人類の活動に起因する気候変化、影響などについて科学的、技術的、社会経済学的な見地から包括的な評価を行うことを目的として、一九八八年に設立された組織である。

二〇一三年から二〇一四年にかけて公表された第五次評価報告書によると、一九五〇年以降に観測された変化の多くは前例のないもので、地球が温暖化していることは疑う余地はなく、また、温室効果ガス排出量が非常に多くなるシナリオ下では、二一世紀末の世界平均地上気温は一九八六〜二〇〇五年平均に比べて二・六〜四・八℃上昇する可能性が高いと予測している。そして、一℃の気温上昇は極端な異常気象（熱波、豪雨など）によるリスクを高め、二℃の気温上昇は多くの生物種を非常に高いリスクにさらすこととなり、さらに三℃を超えると大規模な氷床消失により海面水位が上昇するなど、人類の存続基盤である地球環境に深刻な影響を及ぼす可能性があるとしている。

このように地球温暖化問題への対応が焦眉の急となるなか、これに対応しようとしたのが一九九七年に採択された気候変動枠組条約の京都議定書であり、先進国の各国ごとに法的拘束力のある温室効果ガスの削減目標が定められた。すなわち、二〇〇八〜二〇一二年の目標年次において、二酸化炭素などの温室効果ガスの排出量を先進国全体で基準年（一九九〇年）比で五%削減することを目指すというものだ。ちなみに日本の約束は六%であった。

二〇一五年一二月、京都議定書に代わるものとして、気候変動枠組条約第二一回締約国会議（COP21）においてパリ協定が採択され、二〇一六年一一月に発効した（ただし、二〇一七年六月、アメリカのトランプ大統領はパリ協定からの離脱を表明）。これは、先進国・途上国の区別なく、温室効果ガス削減に向けて自国の決定する目標を提出し、目標達成に向けた取組みを実施することなどを規定したものである。また、地球の平均気温の上昇を二℃より十分下方に抑え、一・五℃に抑える努力を追及するという目標を設定している。

しかし、京都議定書にもとづく各国の削減目標には、バンカー油（国際航空や国際海運で使用される燃料）に起因する温室効果ガスは含まれていない。これは、バンカー油に起因する温室効果ガスをどの国に割り当てるかについて合意が得られなかったためである。割当ての考え方としては、①バンカー油などが販売されている国への割当て、②乗客や貨物の本国や原産国への割当て、③船舶などが出発または到着する国への割当て、④船舶などの登録国への割当て、などの方法が考えられるが、国際的な貿易が拡大しバンカー油などからの排出量が増加傾向にあるなか、どの方法を採用するかによってどの国が排出削減義務を負うこととなるかが大きく異なってくる。たとえば、①の選択肢を採用した場合、ロッテルダムのような大規模な国際港湾を有する国は、過大な削減義務を課されることとなろう。

このような事情から、この問題に関しては、京都議定書第二条二において、「締約国は国際民間航空機関（ICAO）および国際海事機関（IMO）を通じて作業を行い、それぞれ航空機燃料およびバンカー油から排出される温室効果ガスの抑制または削減を検討しなければならない」との規定が設けられたにとどまり、パリ協定においても、引き続き個別協議の対象とされている。このうち国際航空については、二〇一六年一〇月に国際民間航空機関（ICAO）において、各国の国際線の航空機の飛行中の温室効果ガス排出量を、二〇二〇年に維持する基準を導入することで合意された。一方、国際海事機関（IMO）は、国際間の船舶運行から出る二酸化炭素排出削減目標の策定を二〇二三年に行うとしている（当初案では二〇一八年）。

しかし、経済活動が地球規模で拡大し世界の貿易量が引き続き増大を続ける中、輸送に伴う環境負荷の問題はより重要性を増している。

その状況は、日本国内における二酸化炭素排出量の動向からもうかがうことができる（図

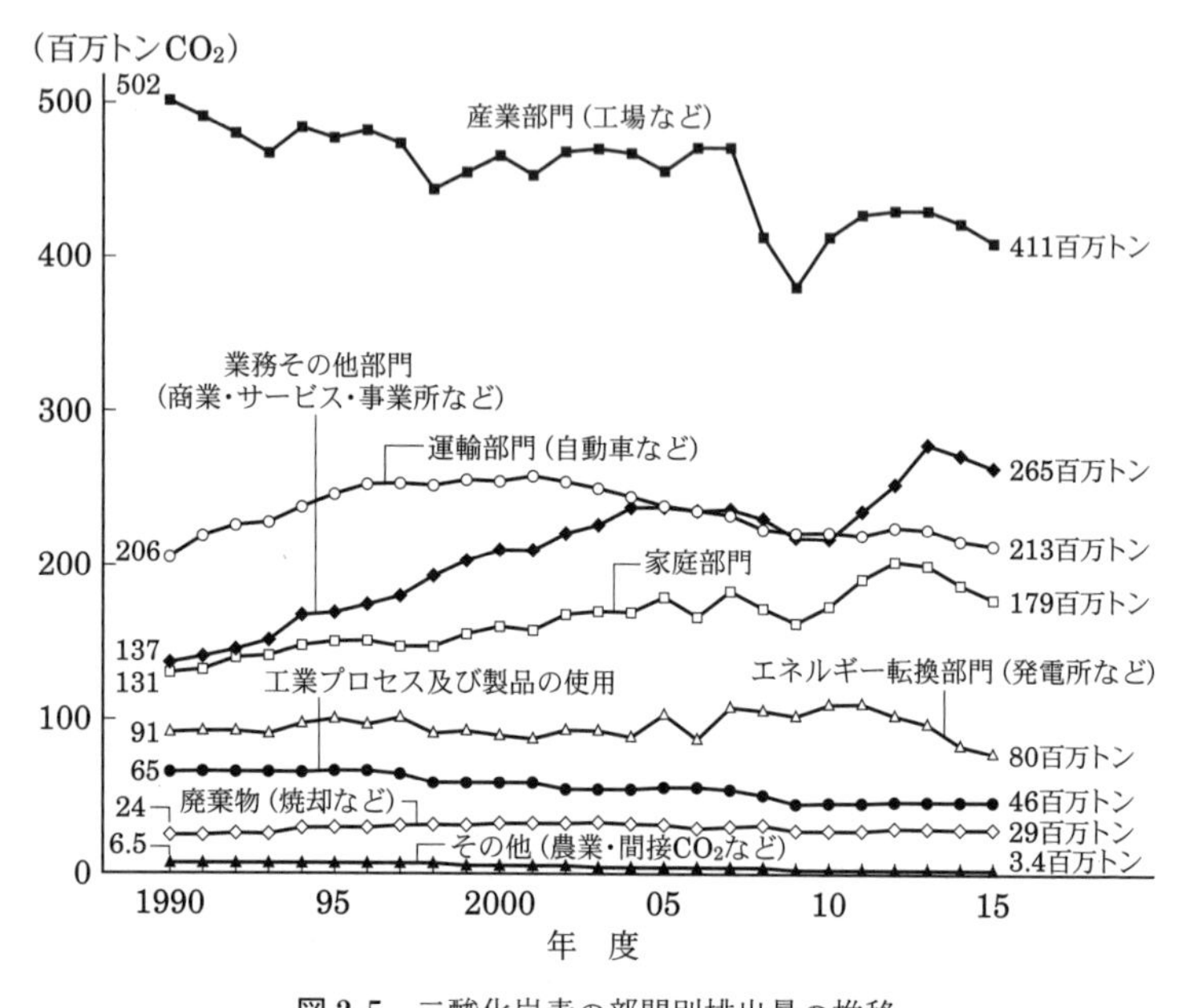

図 2-5　二酸化炭素の部門別排出量の推移

［出典：環境省「2015 年度（平成 27 年度）の温室効果ガス排出量（確報値）について」］

2-5）。二〇一五年度の温室効果ガスの総排出量は一三億二五〇〇万トン（二酸化炭素換算）と前年度に比べ二・九％減少したが、京都議定書の基準年であった一九九〇年度に比べると三・九％増加している。このうち温室効果ガスの九三％を占める二酸化炭素の排出量は一二億二七〇〇万トンと一九九〇年度から五・六％増加している。これを部門別に見ると、全体の三三％と構成比が最も大きい産業部門（工場など）では四億一一〇〇万トンで一九九〇年度と比べ一八％減少したものの、他の部門における排出量が増加したため全体の排出量も増加している。産業部門および業務・その他部門（商業・サービス・事業所など）に次いで構成比が大きい（一七％）のが自動車・船舶などの運輸部門で、二億一三〇〇万トンと一九九〇年度と比べ三・四％増加している（図2-5）。このように、日本国内においては、運輸部門における二酸化炭素排出量の削減が重要な課題となっている。

このような状況も踏まえ、食料の輸送に伴う環境負荷に着目し、その大きさを定量的に把握しようとする指標が次章で紹介するフード・マイレージである。

chapter 3

フード・マイレージの考え方と輸入食料のフード・マイレージ

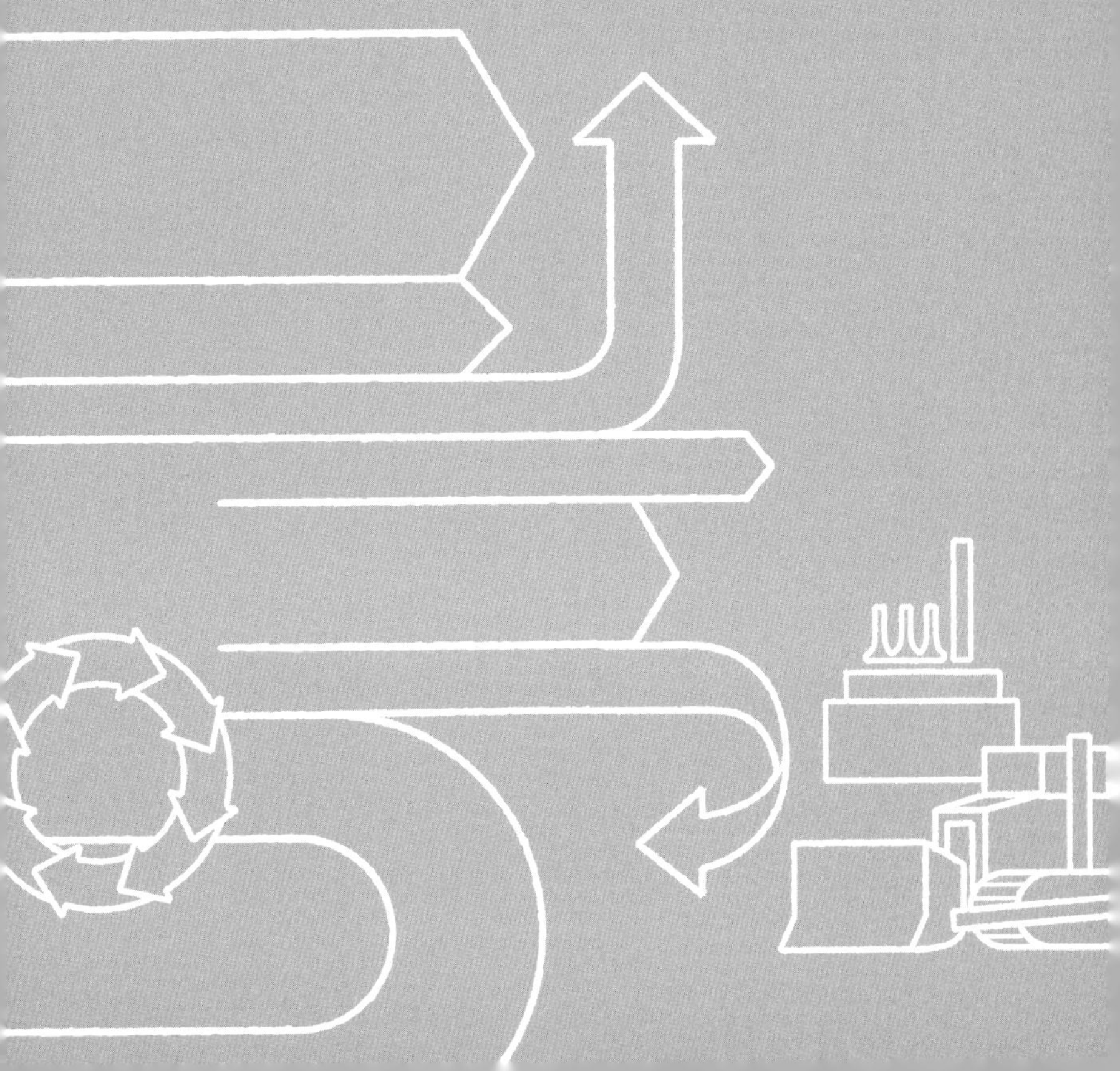

1 フードマイルズ運動とフード・マイレージ

フード・マイレージとは

「フード・マイレージ」とは、食料の輸送量と輸送距離を総合的・定量的に把握することを目的とした指標ないし考え方である。そして、食料の輸送に伴い排出される二酸化炭素が、地球環境に与える負荷という観点に着目するものである。なお、最初に論文として書いたときにはフード・マイレージを「食料の総輸送量・距離」と日本語で表現したが、かえってはん雑になるので、本書ではカタカナで通していく。

フード・マイレージの計算方法は、食料の輸送量に輸送距離をかけ合わせて累積するという非常に簡単なもので、トン・キロメートル（t・km）などの耳慣れない単位で表記される。また、フード・マイレージの総量を再び品目別や相手国別に分解し、その構成を見ることによって、その国の食料輸入の構造や特徴を明らかにすることができる。

本章では、日本の輸入食料のフード・マイレージを計測し、それを諸外国の数値と比較することなどにより、長距離輸送を伴う大量の輸入食料に依存しているという日本の食料供給の実態（「食と農との間の距離」の大きさ）を明らかにする。また、そのような大量の食料輸入が、地球環境に対してどの程度の負荷を与えているかについて、定量的な計測を試みる。

イギリスのフードマイルズ運動

フード・マイレージの参考としたのが、イギリスの「フードマイルズ（Food Miles）」運動である。

これは、イギリスの非政府団体であるサステイン（Sustain : The alliance for better food and farming）が中心となって展開した市民運動であり、食品の重量に輸送距離をかけ合わせた指標であるフードマイルズを意識して、なるべく地域内で生産された食料を消費することなどを通じて、環境負荷を低減させていこうというものである。

サステインは一九九四年、イギリスのフードマイルズの現状、輸送距離を延ばす要因、輸送距離を削減する方法を詳細に取りまとめたレポートを最初に発表し、大きな反響をよんだ。その後も毎年のようにレポートを発表しているが、これらによると、一九九三年におけるイギリスのフードマイルズは三六〇億トン・キロメートルであったのが、一九九八年には四二五億トン・キロメートルと、五年間で一八％も増加したことが明らかにされている。

サステインの報告書によると、イギリスにおいてフードマイルズが伸びている要因の第一は、食品の輸送に伴う大気汚染や騒音（いわゆる外部経済）のコストが市場取引に反映されていないためとしている。また、産地の少品目・大規模化、小売業の集中化・寡占化が進行していることも要因としてあげられている。そしてフードマイルズを削減するためには、消費者個人が商品を選ぶ際になるべく地元産を選ぶようにすること、直売所などのローカル・マーケットを推進すること、フードマイルズに関する適切な表示を推進することなどが必要であるとしている。

最近のイギリスではフードマイルズそのものに特化した運動は下火になっているようだが、いずれにせよ、このフードマイルズ運動は、食料輸送に伴う環境負荷に着目したという面で世界でも先駆的な取組みであり、また、次章で紹介するイタリアのスローフード運動やCSA（地域支援型農業）など、世界の食をめぐるさまざまな新たな潮流にもつながっているもので、日本にとっても非常に示唆に富む内容である。

フードマイルズ運動とフード・マイレージ

本書で提示するフード・マイレージという指標は、このイギリスのフードマイルズの考え方にヒントを得たものであり、輸送量に輸送距離をかけ合わせるという計算方法も基本的に同じである。それにもかかわらず、あえて「フード・マイレージ」という別の用語を用いているのは、以下の理由による。

まず、フード・マイレージは、食料の輸送量に輸送距離を乗じた数値を累積することにより求められるものであり、かつ、その輸送されてきた経路や輸送手段にも着目するものであることから、単なる距離を表す「マイルズ」よりは、総マイル数、里程、道のり、輸送されてきた経路といったニュアンスを含む「マイレージ」の方がふさわしいと考えられる。もう一つの理由は、現在は航空会社のマイレージ・サービスが広く知られていることから、マイレージという言葉の方が耳になじみやすいと考えたためである。ただし、ここで注意がある。航空会社のマイレージは貯めれば貯めるほど得をするものだが、フード・マイレージは、なるべく小さい方がいいという根本的な違いがあることに留意いただきたい。

さて、より実体的には、フードマイルズとフード・マイレージとの間には、以下のような違いがある。フードマイルズは、先に述べたように日々の市民運動を実践していく際のより所とすることを目的した指標であるため、計測されているのは自国（イギリス）の数値のみのようである。これに対しフード・マイレージは、国民に対して食料を安定的に供給・確保していくための政策立案の参考とするため、日本の食料供給の姿を明らかにすることを強く意識したものである。このため、後に述べるようないくつかの単純化した前提や仮定を設けることによって、各国の具体的な統計を用いて輸入食料にかかるフード・マイレージを計測し、各国間の客観的な比較を可能としている。このことによって、現在の日本の食料供給の実態が明らかとなり、一人ひとりが自らの食のあり方について考える際のヒントとして活用されることを期待している。

2 輸入食料のフード・マイレージ

フード・マイレージの意味

それでは、日本の輸入食料のフード・マイレージの計測を行ってみよう。この作業により、日本の食料供給構造の現状と特色、すなわち長距離輸送を経た輸入食料に大きく依存しているという実態が明らかになるであろう。

フード・マイレージという指標の計算方法は単純であるが、食料輸入を、輸入量（物量ベース）とその輸送距離によって総合的に把握できるという特徴を有している。

通常、食料に限らず、輸出入の動向を把握する場合は、物量ベースではなく金額ベースで行われるのが一般的である。これは、国際的に取り引きされる商品は、当然ながら多種多様な品目によって構成されているためであり、たとえば、食料を見ても、家畜の飼料になるトウモロコシのようにかさばるものと、キャビアの缶詰やナチュラルチーズとでは、重量当たり単価は大きく異なる。したがって、これらを共通の指標でとらえるためには、重量ではなく金額による方が一般的には適当である。さらに、原油や工業製品なども含めた国全体の貿易構造（貿易収支など）を考える場合や、貿易全体における食料貿易のウェイトや位置づけを見る場合には、金額ベースによらざるを得ない。しかしながら、本書が課題としている「食と農との間の距離」を計測するという観点からは、金額よりも物量ベースによる把握が実感的にも適当と考えられる。

また、フード・マイレージという指標の特徴は、食料自給率と比較してみるとわかりやすい。日本の食料供給構造の特色、つまり、輸入食料への依存度の高さを表す際に最も一般的に用いられている指標は食料自給率である（第1章（chapter 1）においては「食料の海外依存率」という指標を用いた）。この食料自給率という指標には、輸送距離という要素はまったく含まれていない。たとえば、同じ食料輸入であっても、ドイツが陸続きの隣国であるフランスから輸入する場合と、日本が太平洋を隔てたアメリカから輸入する場合とでは、輸送の距離のみならず、経路や輸送手段、輸送に要する時間といった面で大きく事情は異なるものの、自給率の計算上は、このような事情の違いはまったく反映されない。

これに対し、フード・マイレージという指標は、輸送距離という要素を含むことによって、日本の食料供給構造の特色、すなわち長距離輸送を伴う大量の輸入食料に支えられているという現状を、わかりやすく表すことができるのである。

輸送距離という要素を含むことには、さらに以下のような意味がある。

第一は、輸送距離の長短自体が、食料の安定供給の確保という観点から重要な要素の一つと考えられることである。いうまでもなく、食料は人間が生きていくうえで不可欠の物資であり、その安定的な供給の確保は極めて重要であるが、輸送距離が長くなり、経路が複雑になればなるほど、あるいは輸送に要する時間が長くなればなるほど、輸送途上で不測の事態（事故、自然災害、港湾ストライキなど）が生じる可能性、すなわちリスクは大きくなるものと考えられる。

第二は、食品の安全性の面に関してである。食品の安全性の確保は、第一の安定供給の不可欠な要素でもある。無論、物理的な輸送距離が長くなること自体が、ただちにその食品の安全性の低下につながるといった直接的な因果関係があるわけではない。しかし、輸送距離が延びること、あるいは輸送経路が多段階、複雑になることに伴って、その食品が日本に到着するまでの供給ルートの全体を、適切に監視・管理する困難性が増すことは十分に考えられる。また、このように輸送距離が延びることは、食品の「素性」に関する情報を消費者に提供すると同時に、その履歴をさかのぼって確認するためのトレーサビリティ・システム構築の観点からも望ましいとはいえないであろう。

そもそも、食料は一般に品質劣化しやすい商品であり、生鮮食品の多くは時間がたてば腐敗して安全な食料ではなくなる。これらのリスクを回避するためには、冷凍・冷蔵するか缶詰やレトルト食品に加工するか、あるいは輸送時間を短縮するため船舶ではなく航空機で輸送すればいいということになる。しかし一方で、これらの方法をとろうとすると、追加的なエネルギー消費（環境負荷）が生ずるという別の問題が出てくる。

第三はやや専門的になるが、経済学でいう「情報の非対称性」との関連である。

生産地が消費地から遠隔化する（農が食から遠ざかる）に連れ、生産者と消費者との間に「情報の非対称性」が生じる可能性が高まる。つまり、生産者はその食料を生産するときにどのような農薬や飼料を使ったかは当然知っているが、一般的には消費者はそのような情報を得ることはできない。このような情報の非対称性が生ずる結果、いわゆる「逆淘汰」のメカニズムにより、本来、経済厚生の増加につながるはずの取引（貿易）を行った結果、かえって経済厚生が低下する事態が生じる可能性が考えられるのである。34ページで見たように、食品に対する消費者の不安感の大きさがどうやら「食と農との間の距離」と関連しているという事実も、このような「情報の非対称性」のメカニズムが背景にあるものと考えられる。

第四は、これがまさにフード・マイレージ計測の目的の一つであるが、食料の輸送が環境に与える負荷（二酸化炭素排出量）の把握という観点からは、物量ベースによる把握と、さらには食料が輸送されてきた距離という要素が不可欠なのである。

具体的な計測方法

本節では、輸入食料のフード・マイレージの具体的な計測方法について説明する。

対象国および使用したデータ

二〇〇一年を対象に計測を行った国は、日本を含めて六か国である。日本以外の五か国は、日本の食料供給構造の特徴を明らかにするため、いわば比較対照のために選んだ国で、具体的には、韓国、アメリカ、イギリス、フランス、ドイツである。なお、日本については二〇一〇年、二〇一六年についても計測を行っているが、この結果については後に考察する。

まず韓国は、日本と同様に食料供給の大きな部分を輸入に依存している。アメリカはよく知られているように世界最大の食料輸出国であるが、実は同時に食料の大輸入国でもある。また、イギリス、フランス、ドイツはいずれもかなりの規模の人口を擁する西欧の先進国であり、EUの主要メンバー国でもある（なお、イギリスは二〇一六年六月の国民投票結果を受けEU離脱の交渉中）。

比較対照国として韓国および欧米先進国を選んだのは、日本のフード・マイレージの総量としての大きさがどの程度であるかを明らかにするためには、ある程度の人口と経済規模を有する国と比較することが適当であるためである。一方、特徴的と予想される中国やインド、あるいはシンガポールやスイスについて計測を行うことも興味深いと考えられるが、統計データの入手可能性も踏まえつつ、今後の課題としたい。

計測に用いた統計は、日本については財務省「貿易統計」である。これは、財務省のウェブページの貿易統計のデータベースから直接ダウンロードして利用することができ、表計算ソフトで加工・集計を行った。

諸外国の統計については、アメリカの民間会社であるGlobal Trade Information Service社が提供している“World Trade Atlas R”（CD-ROM版）によった。これは、各国の公式な貿易統計をもとにデータベースとして提供されているものである。

「食料」の範囲と輸入量

一言で食料といっても、その範囲は、穀物、野菜や畜産物などの生鮮食品はもとより、缶詰などの加工食品、飲料、調味料から香料まで、非常に幅広く多様な商品を含んでいる。フード・マイレージを計測するためには、まず、計測の対象となるフード（食料）の範囲を確定することが必要となる。

今回は、貿易統計で一般に用いられているＨＳ条約（商品の名称及び分類についての統一システムに関する国際条約）の品目表の四桁ベース（項）でとらえることとした。この品目表には六桁や八桁といったさらに詳細な分類もあり、食料の範囲の特定はやろうと思えばいくらでも緻密にできるものの、作業のはん雑さを避ける観点から四桁ベース（項）で把握することとしたものである。そして、その項に分類される品目の過半が食料として消費されていると見られる項の全体を食料とみなした。このような作業を通じ、フード・マイレージの計測の対象となる具体的な「食料」の範囲を特定した結果が表3-1である。

四桁ベースでの整理としたため、食料であっても計測の対象から除外された品目がある。たとえば、第二五・〇一項（塩）に含まれる食用の塩、第二九・二二項（酸素官能のアミノ化合

表3-1　計測の対象とした「食料」の範囲

品目分類（2桁ベース）	品名	「食料」の範囲（4桁ベース）
第1類	動物（生きているものに限る）	01.01（馬），01.06（さる，犬など）を除く．
第2類	肉および食用のくず肉	全品目
第3類	魚ならびに甲殻類，軟体動物およびその他の水棲無せき椎動物	全品目
第4類	酪農品，鳥卵，天然はちみつおよび他の類に該当しない食用の動物性生産品	全品目
第7類	食用の野菜，根および塊茎（かいけい）	全品目
第8類	食用の果実およびナット，かんきつ類の果皮ならびにメロンの皮	全品目
第9類	コーヒー，茶，マテおよび香辛料	全品目
第10類	穀物	全品目
第11類	穀粉，加工穀物，麦芽，でん粉，イヌリンおよび小麦グルテン	全品目
第12類	採油用の種および果実，各種の種および果実，工業用または医薬用の植物ならびにわらおよび飼料用穀物	全品目
第13類	ラックならびにガム，樹脂その他の植物性の液汁およびエキス	13.02（植物性の液汁およびエキスなど）のみ対象．
第15類	動物性または植物性の油脂およびその分解生産物，調製食用脂ならびに動物性および植物性のろう	15.05（ウールグリース），15.06（その他動物性油脂），15.18（動物性または植物性の油脂など（食用に適しないもの）），15.20（グリセリンなど），15.21（植物性ろうなど），15.22（デグラスなど）を除く．
第16類	肉，魚または甲殻類，軟体動物もしくはその他の水棲無せき椎動物の調製品	全品目
第17類	糖類および砂糖菓子	全品目
第18類	ココアおよびその調製品	全品目
第19類	穀類，穀粉，でん粉またはミルクの調製品およびベーカリー製品	全品目
第20類	野菜，果実，ナットその他植物の部分の調製品	全品目
第21類	各種の調製食料品	全品目
第22類	飲料，アルコールおよび食酢	全品目
第23類	食品工業において生ずる残留物およびくずならびに調製飼料	全品目
第24類	たばこおよび製造たばこ代用品	全品目
第33類	精油，レジノイド，調製香料および化粧品類	33.01（精油，レジノイドなど）のみ対象．
第35類	タンパク系物質，変性でん粉，膠着剤および酵素	35.01（カゼインなど），35.02（アルブミンなど）のみ対象．

注1 HS品目分類4桁ベースで，「食料」が主と考えられる品目をリストアップしたものである．

注2「食料」には油糧種子などの加工原料および飼料を含む．

物）に含まれる「グルタミン酸ソーダ」などは食料ではあるが、項全体としては工業用塩など非食用の用途に供されるものの方が多いと見られることから、これらの項全体を計測の対象から外している。逆に、第〇三・〇一項（生きている魚）に含まれる「観賞用の魚」、第一三・〇二項（植物性の液汁など）に含まれる「除虫菊エキス」などは明らかに食料ではないが、項全体では食料とされている品目が多いと考えられることから計測対象に含めている。

また、重要なこととして、直接には人間の口には入らない飼料や油糧種子も、食料の範囲に含めている。つまり、トウモロコシやコウリャンといった飼料用穀物は、国内で家畜に飼料として与えられ、畜産物として間接的に消費される。また、大豆やなたねなどの油糧種子は、原料で輸入され、国内の工場で搾油され油脂として消費される。これらも、食料として計測の対象に含めているが、実は日本の場合、これら品目にかかるフード・マイレージが非常に大きなウェイトを占めている。

次の作業手順は、これら食料の輸入量を輸入相手国別に集計することである。しかし、統計には物量ベースでの数値（輸入量）が表されていない品目もある。たとえば、日本の貿易統計においては、第一類の「生きている動物」は頭数や羽数、第二二類の「飲料」はリットル単位で表記されているものが多い。これらの品目については、一定の係数を仮定してすべて重量（トン）に換算するという作業を行った。具体的には、たとえば、「生きている牛」は一頭当たり三〇〇キログラム、飲料は一律に比重一と仮定した。

輸入相手国

計測の対象とした輸入相手国は、貿易統計に表されているすべての国・地域である。日本の二〇〇一年の貿易統計においては、輸入相手国(地域)として二二六の国・地域が掲載されている。この中には、独立国以外の地域(香港、台湾など)や海外領(デンマーク領グリーンランド、フランス領ニューカレドニア島など)も含まれているが、これらについても集計を行っている。なお、これら国・地域の表し方は、各国の統計により異なっている。

輸送手段と輸送距離

次は輸送手段と輸送距離である。計測にあたっては、これが最も困難な点であった。当然ながら、輸送手段と輸送距離の測り方によって、計測結果の数値は大きく異なることとなる。

輸入食料の実際の輸送経路は、当然ながら極めて多様かつ複雑である。このため、厳密にフード・マイレージを計測しようとすれば、すべての輸入食料について、それぞれの実際の輸送経路と距離を明らかにする必要があるが、これは事実上、不可能である。このため今回の計測では、以下に説明するような前提と手順により作業を行い、輸入相手国ごとの輸送距離を特定することとした。

概念図を示すと、2ページあとのイラストのとおりである。このイラストに沿って、輸入食料の輸送経路の考え方を説明すると、以下のようになる。

まず輸送手段は、陸続きの国・地域からの輸入の場合を除き、原則として船舶によって海上輸送されるものとした。「陸続きの国・地域」とは、たとえば、アメリカについてはカナダおよび中米諸国、フランス、ドイツについては欧州各国、韓国は中国および北朝鮮などが該当する。日本の場合はすべて海上輸送ということになる。なお、実際には日本の場合でも生鮮食品など航空貨物として輸入されている品目もあるが、作業のはん雑さを避けて、今回の計測ではすべて海上輸送されるものと仮定した。今回、航空輸送を考慮しなかったことについては、フード・マイレージの数値の大きさ自体はともかく、後に述べる輸送に伴う環境負荷についてはは試算結果が大きく変わる可能性がある。海運と航空輸送では二酸化炭素排出係数に大きな違いがあるためである。

次に、海上輸送される場合の港湾であるが、輸入国においては、輸入される食料はすべてその国の一つの港湾に荷揚げされるものと仮定し、輸出国においてもすべて一つの港湾から輸出されるものと仮定した。これらの港湾は、海上保安庁「距離表」に港湾間の輸送距離が掲載されている港湾から選定した。国によっては複数の港湾が掲載されているが、この場合は一つの代表港を特定することとした。輸入港については、輸入国の首都に比較的近い港とし、たとえば、日本では東京港、アメリカはボルチモア港とした。輸出港は、たとえば、アメリカはニューオーリンズ港、イギリスはサザンプトン港とした。

一方、同資料（「距離表」）に港湾が掲載されていない国・地域もある。数としては、掲載されていない国・地域の方が多い。この場合は、同資料に掲載のある近隣国の港湾を経由して輸出しているものと仮定している。たとえば、メキシコからの輸出はアメリカのニューオーリンズ港を、マレーシアからの輸出はタイのバンコク港を経由するものとした。なお、この場合の輸出国から近隣の輸出港までの輸送距離は、輸出国の首都から輸出港までの直線距離を用いた。

輸出港から輸入港までの海上輸送距離は、同資料に掲載されている港湾間の距離を用いた。実際の海運では複数の港湾を経由しつつ荷揚げするのが一般的であるが、ここでは途中で他の港湾には寄港せずに、輸出港から輸入港まで直接に輸送されるものと仮定した。また、陸続きの国・地域からの輸入については、陸路を輸送されているものと仮定し、両国の首都間の直線距離を輸送距離と仮定した。

最後に輸出国内の輸送距離である。輸出国内においては、その食料が生産された産地から輸出港までの間を輸送されることとなるが、当然ながら食料によって産地や輸送経路・手段はさまざまであって、これまた品目ごと、国ごとに具体的に特定することは、事実上、不可能であ

輸送経路と距離の考え方

私たちの食料は遠いところから運ばれてきている。本書では、アメリカから輸入される食料はワシントンD.C.から輸出港（ニューオーリンズ）にトラックと船舶で輸送され、輸出港から東京港まで船舶で海上輸送されるものとしている。輸送距離は1万8千600キロメートルで、この過程で二酸化炭素が排出され、地球環境に負荷を与えている。

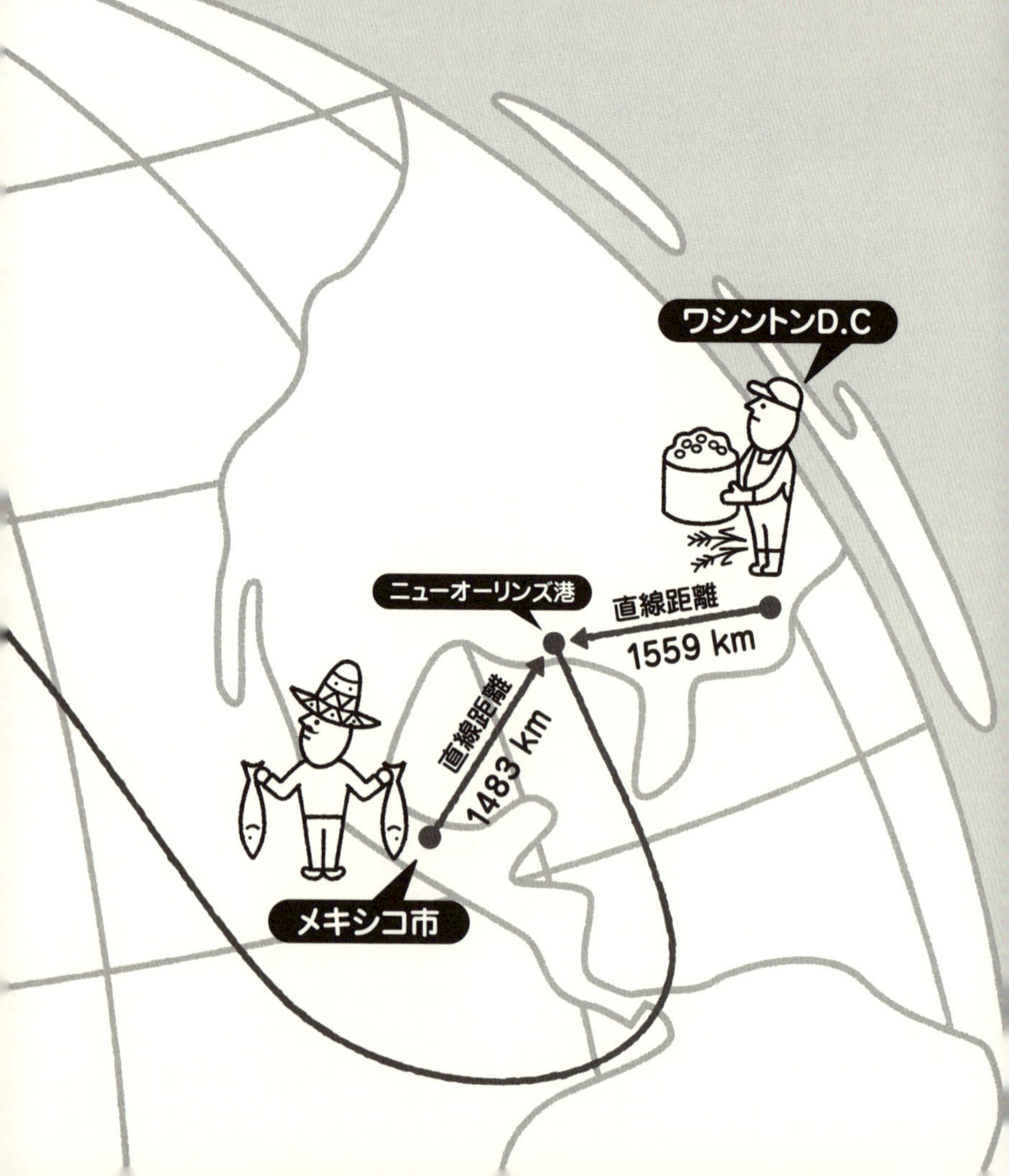

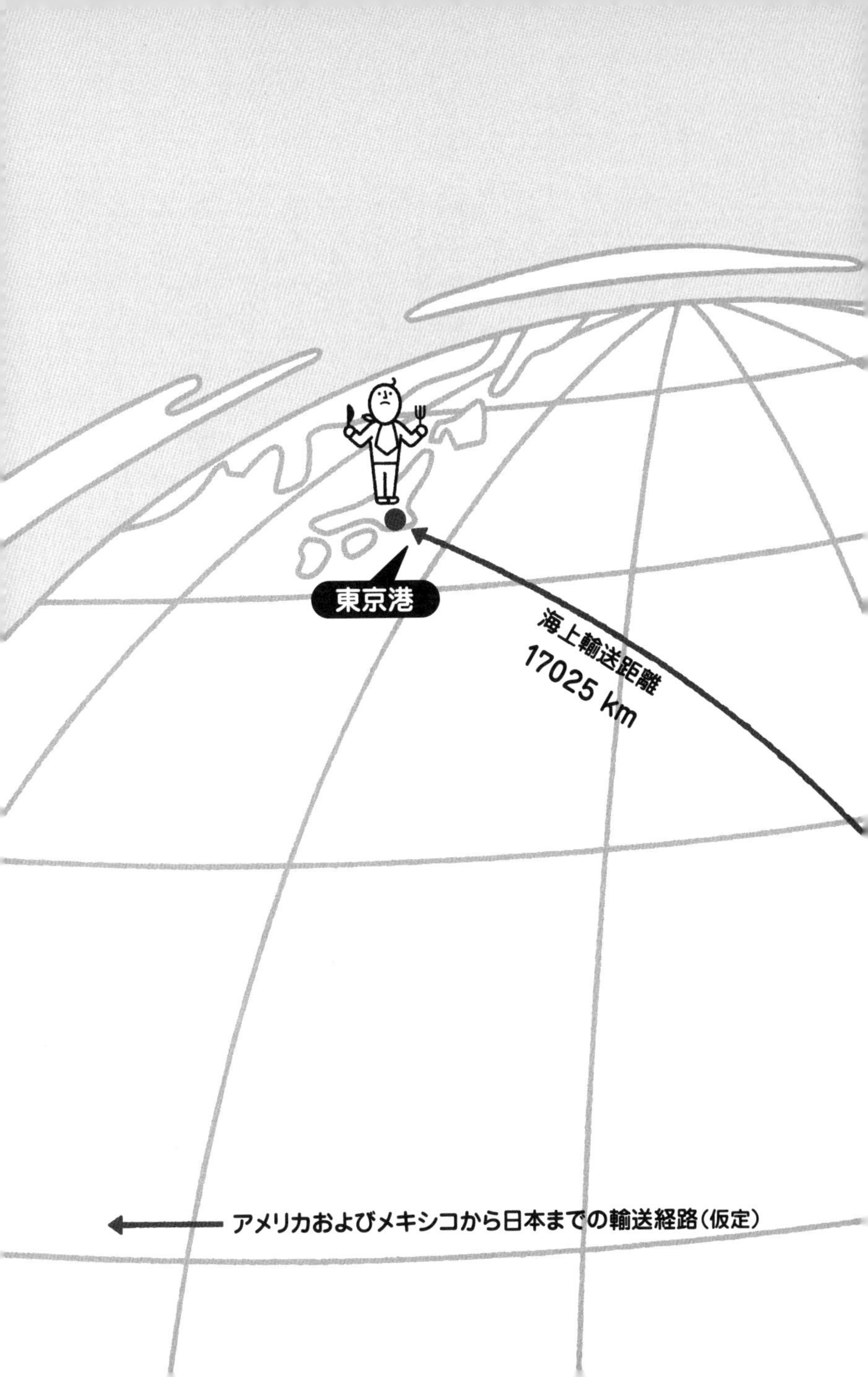
東京港
海上輸送距離
17025 km
アメリカおよびメキシコから日本までの輸送経路（仮定）

る。このため、この国内輸送距離については、便宜的にその国の首都と輸出港との間の直線距離を用いている。なお、輸入国内の輸送距離（日本の場合は、東京港から実際にその食料が消費された場所までの輸送距離）は、ここでの計測には含まれていない。

こうした単純化された仮定は、各国のフード・マイレージを計測し比較するために便宜的に設けたものであり、結果としていくつかの非現実的な内容を含んでいる。たとえば、日本がロシアから輸入している食料は、水産物が相当のウェイトを占めており、それらは実際にはサハリンや沿海州から北海道の諸港に輸送されている場合が多い。にもかかわらず、今回は、これら水産物を含むロシアからの輸入食料は、すべてモスクワに近いサンクトペテルブルク港から東京港に輸送されているものと仮定している。

輸入食料のフード・マイレージの現状

以上のような仮定と作業手順により、各国の輸入食料のフード・マイレージを計測した結果の概要を表3-2に整理した。

これによると、二〇〇一年における日本の食料輸入量は全体で約五八〇〇万トンであり、これに国ごとの輸送距離を乗じ累積したフード・マイレージの総量は、約九〇〇〇億トン・キロメートルとなった。

なお、日本のみは二〇一〇年、二〇一六年の数値も記載しているが、これについては後に考察することとし、ここでは二〇〇一年の数値により国際比較を行う。

この数値がどの程度の大きさなのか、にわかに実感することは困難かもしれない。たとえば、

表3-2　各国の輸入食料のフード・マイレージの概要

		(2016年)	(2010年)	(2001年)					
	単位	日本	日本	日本	韓国	アメリカ	イギリス	フランス	ドイツ
食料輸入量 [日本(2001)=1]	千トン	53746 [0.92]	56111 [0.96]	58469 [1.00]	24847 [0.42]	45979 [0.79]	42734 [0.73]	29004 [0.50]	45289 [0.77]
同上(人口1人当たり) [日本(2001)=1]	キログラム／人	423 [0.92]	438 [0.95]	461 [1.00]	520 [1.13]	163 [0.35]	726 [1.58]	483 [1.05]	551 [1.20]
平均輸送距離 [日本(2001)=1]	キロメートル	15654 [1.02]	15450 [1.004]	15396 [1.00]	12765 [0.83]	6434 [0.42]	4399 [0.29]	3600 [0.23]	3792 [0.25]
フード・マイレージ(実数) [日本(2001)=1]	百万トン・キロメートル	841317 [0.93]	866932 [0.96]	900208 [1.00]	317169 [0.35]	295821 [0.33]	187986 [0.21]	104407 [0.12]	171751 [0.19]
同上(人口1人当たり) [日本(2001)=1]	トン・キロメートル／人	6628 [0.93]	6770 [0.95]	7093 [1.00]	6637 [0.94]	1051 [0.15]	3195 [0.45]	1738 [0.25]	2090 [0.29]

日本の国内における一年間のすべての貨物（食料だけではなくすべての貨物）の輸送量の約一・六倍に相当する水準であるといえば、ある程度、理解いただけるかもしれない。

諸外国のフード・マイレージはどうであろうか。日本と同様に飼料穀物などの多くを海外に依存している韓国、世界最大の食料輸出国でありかつ大輸入国でもあるアメリカでも、そのフード・マイレージは約三〇〇〇億トン・キロメートル前後にすぎず、日本の三割強の水準にとどまっている。西欧各国はさらに低い水準であり、イギリスは約一九〇〇億トン・キロメートル、ドイツは約一八〇〇億トン・キロメートルと、それぞれ日本の約二割である。さらに、フランスについては約一〇〇〇億トン・キロメートルと、日本の一割強にすぎない。言い換えれば、日本のフード・マイレージは、韓国・アメリカの約三倍、イギリス・ドイツの約五倍、フランスの約九倍の水準ということである（図3-1）。

もっとも、フード・マイレージはグロスの輸入量に輸送距離を乗じたものであるから、その国の人口や経済規模に大きく左右される。そこで、フード・マイレージを人口で割り、一人当たりのフード・マイレージを見たものが（図3-2（112ページ））である。これによると、日本の人口一人当たりのフード・マイレージは約七一〇〇トン・キロメートルとなる。

同様に諸外国と比較してみよう。まず、韓国については人口が日本の四割弱であるため、一人当たりにするとフード・マイレージは約六六〇〇トン・キロメートルと日本にかなり近くな

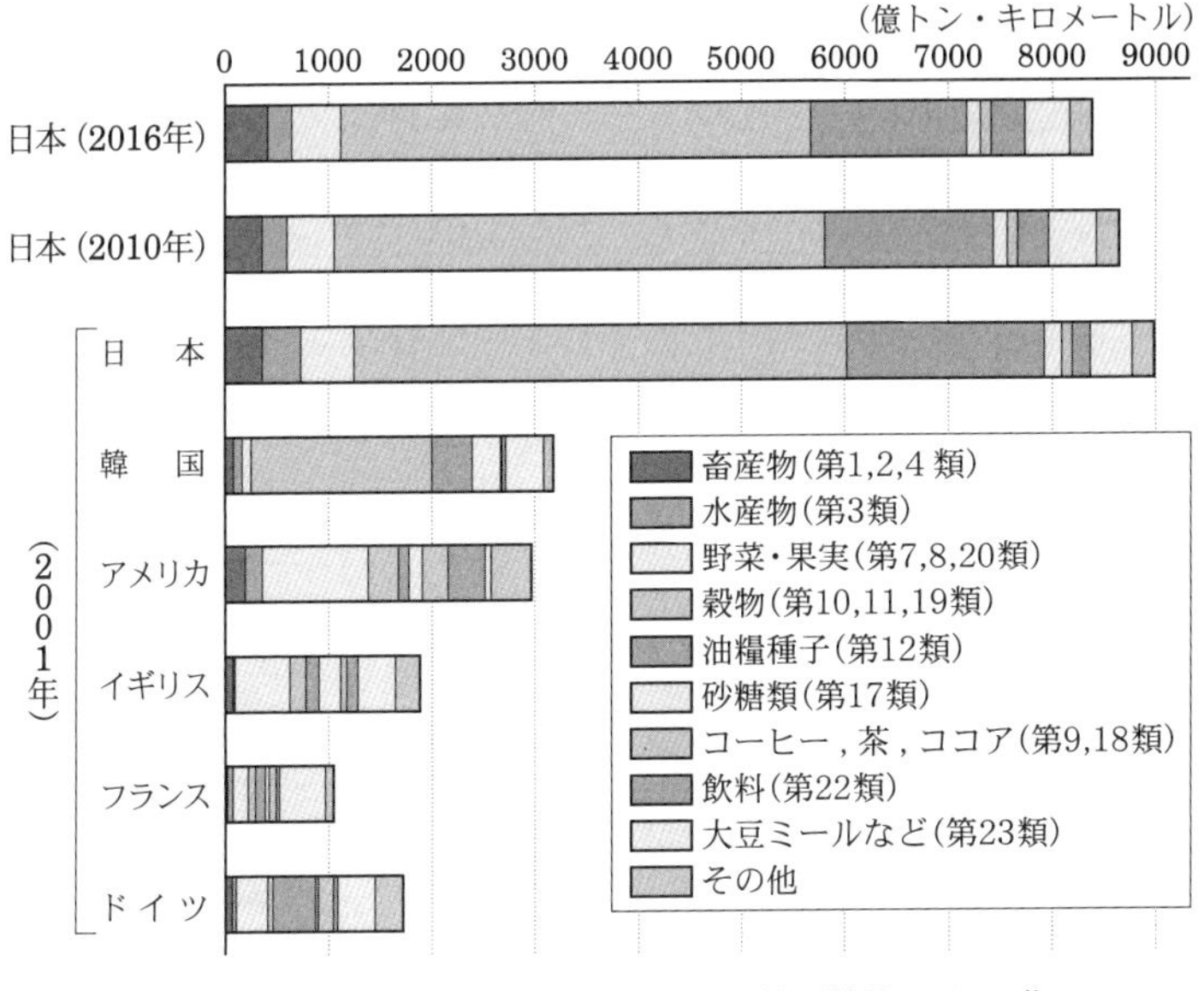

図 3-1　各国のフード・マイレージの比較（総量，品目別）

るが、それでも九割強の水準である。一方、アメリカは日本の約二・二倍の人口を擁することから、一人当たりのフード・マイレージはいっそう小さな値となり、日本の一割強の水準にすぎなくなる。西欧諸国も日本より人口が少ないため、一人当たりで見ると総量よりも日本の水準に近くはなるが、それでもイギリスで五割弱、フランスおよびドイツでは約三割にとどまっている（表3-3）。

なお、この図からは日本の輸入食料のフード・マイレージは世界最大であるかのようにみえるが、それは正しくない。実は、最初に二〇〇一年を対象に試算を行ったときは、中

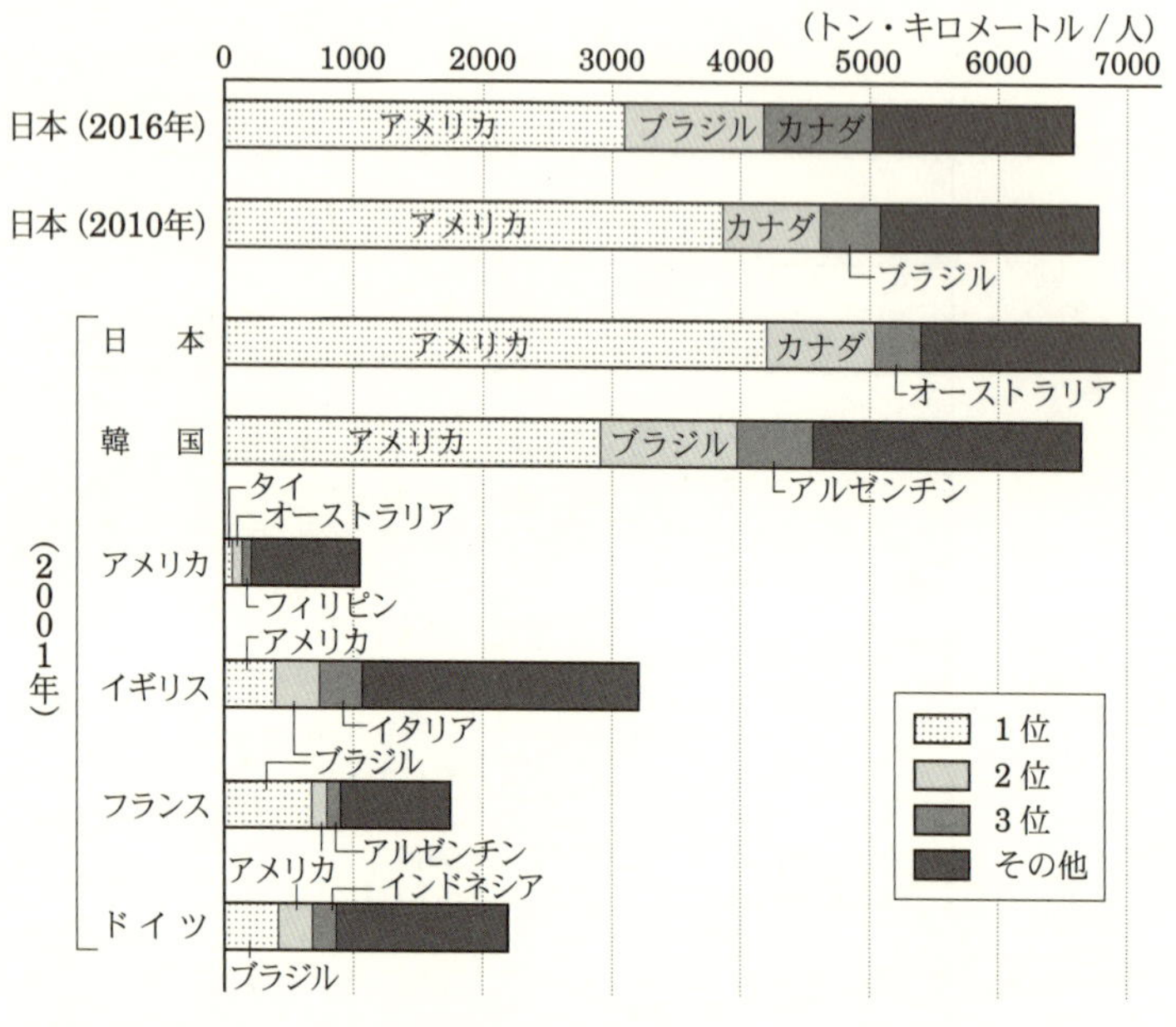

図3-2　各国のフード・マイレージの比較（1人当たり，輸入相手国別）

国の貿易統計のデータベースを入手できなかったため計算できなかった。しかし中国は近年、経済発展と食生活の高度化（油脂消費の増加）に伴い、ブラジルやアメリカから大量の大豆の輸入を行っており、輸入大豆のフード・マイレージだけでも日本の総量を上回る。これは何と言っても中国の人口の多さを反映しているものであり、一人当たりのフード・マイレージは日本の方が大きいと考えられる。

以上見てきたように、日本のフード・マイレージの第一の特色は、何といってもその大きさである。国全体の総量でみても国民一人当

表 3-3　輸入食料のフード・マイレージ（品目別，輸入相手国別）

		(2016 年)	(2010 年)	(2001 年)					
		日本	日本	日本	韓国	アメリカ	イギリス	フランス	ドイツ
総量（百万トン・キロメートル）		841319	866932	900208	317169	295821	187986	104407	171751
品目別	畜産物（第 1，2，4 類）	42054	36168	37013	7956	19707	7343	3251	6963
	水産物（第 3 類）	22970	24365	34502	6921	15453	1914	2858	3308
	野菜・果実（第 7，8，20 類）	46652	44953	51679	9480	103234	52871	16654	30921
	穀物（第 10，11，19 類）	457223	477182	479328	174831	28595	15404	5825	4668
	油糧種子（第 12 類）	151128	161475	189570	39654	10422	13409	10391	42237
	砂糖類（第 17 類）	12004	13623	16782	26585	12906	20687	4141	1989
	コーヒー，茶，ココア（第 9，18 類）	10665	10035	9753	1547	24538	5586	5548	13576
	飲料（第 22 類）	32463	28054	17621	3578	36211	10853	3838	4899
	大豆ミールなど（第 23 類）	42846	48837	42497	36965	6002	36903	44587	36935
	その他	23314	22240	21463	9651	38751	23016	7314	26254
1 人当たり計（トン・キロメートル／人）		6570	6770	7093	6637	1051	3195	1738	2090
輸入相手国別	1 位（国名）	3103（アメリカ）	3865（アメリカ）	4178（アメリカ）	2902（アメリカ）	76（タイ）	404（アメリカ）	690（ブラジル）	416（ブラジル）
	2 位（国名）	1069（ブラジル）	752（カナダ）	843（カナダ）	1053（ブラジル）	71（オーストラリア）	339（ブラジル）	117（アメリカ）	252（アメリカ）
	3 位（国名）	851（カナダ）	459（ブラジル）	355（オーストラリア）	583（アルゼンチン）	70（フィリピン）	332（イタリア）	107（アルゼンチン）	168（中国）
	その他	1546	1694	1717	2099	834	2120	824	1253

たりでみても、フード・マイレージの大きさは、試算した諸外国に比べて際立っているのである。

それはどのような理由によるものであろうか。

フード・マイレージとは、何度も述べているように、輸入相手国・地域ごとの輸入量に、当該国・地域からの輸送距離をかけ合わせ累積した結果の数値である。ここでは、日本のフード・マイレージの際立つ大きさの理由を探るため、これを、再び輸入量と輸送距離に分割して比較を行ってみた。フード・マイレージを総輸入量で割りもどしたものが、その国の輸入食料の平均輸送距離となる。各国のフード・マイレージを、総輸入量と平均輸送距離に分割して示したものが2ページあとのイラストである。

日本の食料輸入量は約五八〇〇万トンで、韓国は日本の約四割にとどまっているものの、欧米各国は、フランスを除くアメリカ、イギリス、ドイツの各国はいずれも日本の七〜八割の水準となっており、フード・マイレージほどの格差はない。しかも、人口一人当たりの食料輸入量を見ると、日本は四六一キログラムであり、アメリカは日本の四割以下であるが、それ以外の各国は、いずれも日本よりも大きな数値となっている（表3-2参照）。日本は世界で最大級の食料輸入国といわれており、それ自体、国全体で見れば事実ではあるものの、一人当たりの輸入量で見る限り、日本よりも多くの食料を輸入している国は、他にたくさんある。

にもかかわらず、日本のフード・マイレージの大きさが際立っているのは、イラストにあるとおり、欧米各国では平均輸送距離が日本の二〜四割の水準にとどまっているためである。つまり、これらの国では、食料は比較的近隣の国から輸入しているという実情を表している。大陸国家と島国である日本とでは、当然ながら地理的立地条件が大きく異なるとはいえ、その差はあまりに大きいと実感せざるを得ない。ちなみに、日本の輸入食料の平均輸送距離は、計算上約一万五〇〇〇キロメートルとなるが、これはニューオーリンズ港から東京港までの海上輸送距離の約九割に相当する距離であり、また、直線距離で見ると、東京からアフリカ大陸南端のケープタウンまでの距離にほぼ等しい。

すなわち、日本の食料輸入を特徴づけているのは、その総量としての大きさもさることながら、むしろ、諸外国に比べてかなりの長距離を輸送してきていることにある。

品目別の状況

次に、フード・マイレージの内訳を見てみよう。

先に説明した図3-1および表3-3は、フード・マイレージを品目別に分けている。

日本では、トウモロコシなどの穀物が五一%、大豆などの油糧種子が二一%と大きな割合を占めており、この二品目で全体の七割強を占めていることがわかる。これは、これら品目が金

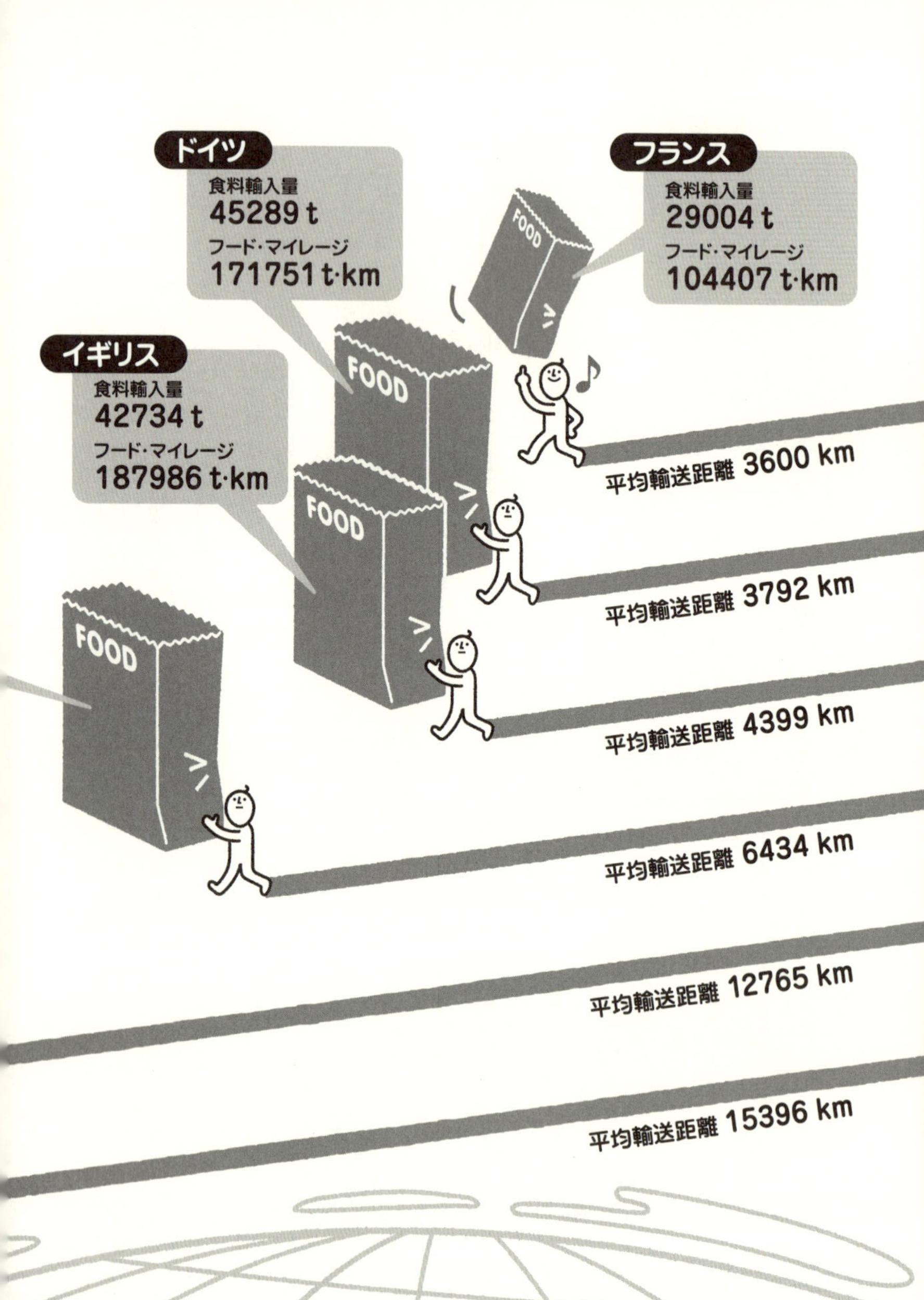

ドイツ
食料輸入量
45289 t
フード・マイレージ
171751 t·km
フランス
食料輸入量
29004 t
フード・マイレージ
104407 t·km
イギリス
食料輸入量
42734 t
フード・マイレージ
187986 t·km
FOOD
FOOD
FOOD
FOOD
平均輸送距離 3600 km
平均輸送距離 3792 km
平均輸送距離 4399 km
平均輸送距離 6434 km
平均輸送距離 12765 km
平均輸送距離 15396 km

各国の輸入食料のフード・マイレージ（2001年）

日本のフード・マイレージは約9千億トン・キロメートルと、諸外国に比べて突出して大きな値となっている。これは、5万8千トンの食料を平均1万5千キロメートルの距離を輸送してきているためだ。輸入量自体は他国と比べてもそれほど突出していないが、平均輸送距離は極端に長い。日本の特異な点は、輸入量の大きさもさることながら、非常に長い距離を輸送されてきているということである。

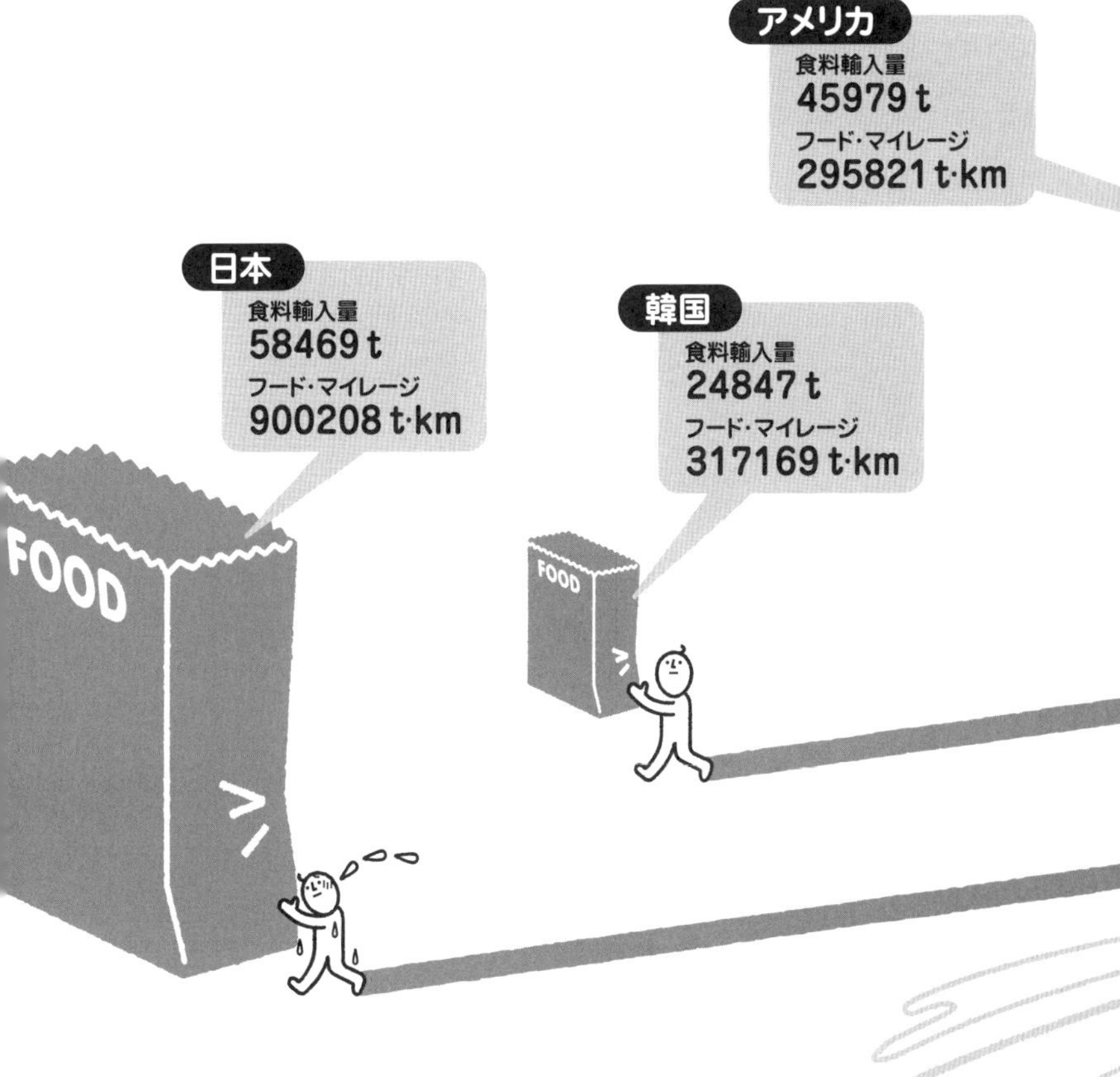

額に比較して量的にかさばる商品であることに加え、これらの多くを、アメリカ、カナダ、オーストラリアなどの遠隔地から輸入しているためである。この状況は、飼料穀物や大豆といった原料を輸入し、国内で家畜の飼料として与えて畜産を行ったり、国内の工場で搾油を行う（製品化する）という、日本の食料供給構造の特徴を反映したものでもある。

さて、諸外国のフード・マイレージの品目別構成を見ると、まず、韓国は、比較的日本と似た傾向となっており、穀物と油糧種子の二品目が七割弱を占めている。この割合は、日本のそれよりは若干小さい。また、これら品目の輸入相手国も、日本と同様、アメリカ、カナダなどである。

アメリカのフード・マイレージは多くの品目に分散している。構成比として比較的大きい品目は野菜・果実調製品や飲料といった品目であるが、いずれも一〇％台にとどまっている。西欧諸国においては、フランスではブラジルなどから輸入されている大豆ミールが約四割と大きな割合を占めるなど、比較的構成比の大きな品目もあるが、総じて特定の品目には偏っていない。

このように、これら欧米各国では、特定の品目を大量に輸入に依存するというようなことはなく、国内で生産しやすい穀物などを輸出する一方で自国で生産できない果実などを輸入するなど、食料分野の中で水平的な分業が行われている状況が示唆されている。

以上述べてきたように、日本のフード・マイレージの特色の第二番目は、特定の品目の構成比が大きいということである。

輸入相手国別の状況

次に、輸入相手国別の構成を見る。先に説明した図3-2および表3-3は、各国のフード・マイレージを輸入相手国別に示したものである。輸入相手国については上位三か国について示している。

この図でも、日本が非常に特徴的であることがわかる。日本はアメリカからの輸入にかかるフード・マイレージが約五三〇〇億トン・キロメートルとなっており、これが実に全体の五九%を占めている。アメリカに次いで大きいのはカナダ一二%、豪州五%であり、これら輸入相手国上位三か国で、全体の七六%を占めている。

これに対し他国の状況を見ると、韓国では日本と同様にアメリカの割合が最も高いものの四四%にとどまっており、上位三か国のシェアでも六八%である。欧米各国では多くの国に分散しており、上位三か国の構成割合は西欧諸国で三〜五割、アメリカは約二割である。

日本の食料輸入相手国が特定の国に偏っていることは、かねてより品目別の輸入量などから見て指摘されてきたところであるが、このようにフード・マイレージという指標で見てもその傾向は顕著である。これが日本のフード・マイレージの第三の特徴である。

なお、主要な輸入相手国を輸入量ベースで見ると、アメリカでは最大の輸入相手国はカナダ（総輸入量の三三％）、次いでメキシコ（同一四％）であり、いずれも陸続きの隣国である。韓国では最も多いのはアメリカ（二九％）であるが、次位は中国（二〇％）であり、西欧各国においても比較的近隣国からの輸入が多くなっている。この結果、先に述べたように平均輸送距離も比較的短いものとなっている。ところが日本は、数量ベースで見ても遠隔地であるアメリカからの輸入が四九％と最も多く、極めて特徴的なものとなっている。

輸入食料の輸送に伴う環境負荷の試算

以上のように、日本は遠隔地から大量の食料を輸入していることが明らかとなった。それでは、その輸入食料の輸送の過程でどの程度の二酸化炭素を排出し、地球環境に負荷を与えているのであろうか。

この環境負荷の大きさを実感するためには、比較対照するものが必要である。ここでは、日本国内における食料輸送に伴う環境負荷の量を推計し、これとの比較を行うことで、輸入食料の輸送に伴う環境負荷の大きさについて検討する。

まず、国内における食料輸送に伴って排出されている二酸化炭素の量を推定する。推定の手順および結果を以下に述べる（次ページの表3-4参照）。環境省によると、二〇〇〇年度の日本の温室効果ガスの排出量は二酸化炭素換算で一三億三二〇〇万トンとなっており、そのほとんど（一二億三七〇〇万トン）が二酸化炭素である。これを部門別に見ると、運輸部門からは二億五六〇〇万トンと全体の二〇・七％が排出されており、これはこの時点では産業部門（四〇・〇％）に次いで大きい。次に、この運輸部門からの二酸化炭素排出量のうち食料の輸送に伴う排出量を推計する。まず、運輸部門を旅客部門と貨物部門に分けると、後者のエネルギー消費量のシェアは三五・八％であり、また、貨物流動量に占める食料品のシェアは九・九％と試算される。これらの数値をもとに試算すると、国内における食料の輸送に伴う二酸化炭素排出量は約九〇〇万トンと試算される（表3-4の【A】欄）。

なお、国内における食料輸送量（輸入食料の国内輸送分を含む）を、上記シェアをもとに試算すると五七一億トン・キロメートルとなる。先に述べたように、日本の輸入食料のフード・マイレージは約九〇〇〇億トン・キロメートルであるが、これは国内における食料輸送量の実に一六倍に相当するのである。

それでは、この輸入食料の輸送に伴い排出される二酸化炭素の量はどの程度であろうか。ここでは、輸出国の産地から輸出港を経て輸入港までの過程で排出される二酸化炭素の量につい

表 3-4　食料輸送に伴う CO_2（二酸化炭素）排出量の推計（試算）

（単位：百万トン）

		排出量	備　　考（出典など）
国内輸送	国内 CO_2 排出量総計	1237.1	環境省資料
	運輸部門計	256.0	同上
	うち貨物輸送	91.6	国土交通省資料のエネルギー消費量シェア（35.8%）で按分.
	うち食料	9.0【A】	国土交通省資料の貨物流動量に占める食料品のシェア（9.9%）で按分.
輸　入	食料	16.9【B】	フード・マイレージをもとに，以下の仮定および CO_2 排出係数から試算.
	うち輸出国内の輸送	6.7	トラックと船舶による輸送が半々であるものと仮定し，国土交通省資料の係数を用いて試算. ［トラック：180 g-CO_2/t・km］［内航船舶：40 g-CO_2/t・km］
	うち輸出港～輸入港の海上輸送	10.2	シップ・アンド・オーシャン財団資料の係数を用いて試算.
	うちバルカー輸送分	6.2	第 10（穀物），12（油糧種子）および 23 類（大豆ミールなど）を輸送. ［バルカー：9.6 g-CO_2/t・km］
	うちコンテナ船輸送分	4.1	10，12，23 類以外を輸送. ［コンテナ船：20.7 g-CO_2/t・km］
排出量比【B/A】		1.87倍	

注　おおよその傾向を把握するため，各種資料をもとに試算したものである.

て、輸送手段ごとの二酸化炭素排出係数（一トンの荷物を一キロメートル運ぶのに排出する二酸化炭素の量）から試算を行う。推定の手順および結果は、表3-4の備考欄に整理してある。

本書では、日本の輸入食料については、先に述べたように、輸出港から日本の輸入港まではすべて船舶によって輸送されるものと仮定している。この外航船舶にかかる二酸化炭素排出係数は、シップ・アンド・オーシャン財団（現・（公財）笹川平和財団）の船種ごとの数値を用いることとし、ここでは輸入食料のうち第一〇類（穀物）、第一二類（油糧種子）および第二三類（大豆ミールなど）についてはバルカー（ばら積み貨物船）、それ以外の品目についてはコンテナ船によって輸送されるものと仮定した。

一方、輸出国内における輸送経路と輸送手段は多段階かつ極めて多様である。たとえば、穀物や大豆については、アメリカでは農場から近隣のエレベータまではトラック、エレベータから輸出港までは船舶（バージ）や鉄道によって輸送されているのが一般的であり、他方、ブラジルにおいてはほとんどの経路をトラック輸送によっているとされる。

このように多様な輸出国内の輸送経路と輸送手段を厳密に特定することは不可能であるため、ここではトラックと船舶により輸送されるものが、それぞれ単純に半々であるものと仮定した。また、輸出国内における輸送にかかる排出係数については、国土交通省「交通関係エネルギー要覧平成13・14年版」16ページの日本の数値（営業用普通トラックおよび内航海運）を代わりに用いた。

　これらの仮定のもとで計算した結果、日本の食料輸入に伴う二酸化炭素排出量は一六九〇万トンと試算された（表3-4【B】欄）。これは、先に述べた国内の食料輸送に伴う二酸化炭素排出量（約九〇〇万トン）の倍近い水準に相当する。

　なお、実際の二酸化炭素排出量は、船舶やトラックの大きさ、速度、積載率などにより大きく異なる。しかし、ここでの試算はそれらを捨象して一定の係数を機械的に当てはめて行ったものであり、もとよりおおむねの傾向を把握できたにすぎない。しかし、日本の国内における食料の輸送（これには輸入食料の国内輸送分も含まれる）が、いわゆる多頻度小口配送という言葉に象徴されるように複雑で錯綜しているのに対し、今回の輸入食料の輸送経路は港湾間を直接運ばれるという前提となっていること、実際には航空輸送されているものもあるが、すべて環境負荷の小さな船舶によって輸送されるものと仮定していること、冷蔵や保管に伴うエネルギー消費（および環境負荷）は考慮していないことなどを考え合わせると、実際の輸入にかかる二酸化炭素排出量は、計測結果よりも相当程度大きくなるものと予想される。いずれにせよ、日本の大量かつ長距離の食料輸入は、輸送面で環境に対し相当程度の負荷を与えている事実は確認されたといえよう。

　しかし、ここでの試算には、日本国内における輸送部分が含まれていない。二酸化炭素排出量の試算結果にあるように、輸入の過程での排出量もさることながら、国内における食料輸送に伴う排出量もかなりの量である。また、輸入過程のフード・マイレージが国内輸送部分の一六倍に相当するにもかかわらず、輸入過程で排出される二酸化炭素排出量は国内輸送部分の二倍程度にとどまるのは、輸送機関によって二酸化炭素排出係数に大きな差があるためである。国土交通省の資料によると、内航船舶の二酸化炭素排出係数は、四〇グラム-CO_2／トン・キロメートルであり、これを一とすると、営業用普通トラックは四・五、営業用小型トラックは二〇・五、鉄道は〇・五、航空は三六・二などとなっている（表3-5（126ページ））。

国内の貨物輸送（食料を含む全体）については、環境負荷が相対的に大きいトラックによるものが大半を占めているため、そのフード・マイレージに比較して相対的に環境負荷が大きいことも事実で、このことは、食料輸送にかかる環境負荷低減のためには、輸入食料だけではなく、国内輸送（これには輸入食料の国内輸送分も含まれる）に伴う環境負荷の低減も重要な課題であることを示している。極論すれば、現在の多頻度小口配送という言葉に象徴されるような複雑で錯綜している国内における食料輸送体系を前提とする限り、仮に食料の輸入を減少させて国内自給率を向上させたとしても、トータルとしての環境負荷の減少につながるとは必ずしもいい切れないのだ。

今後、食料輸送にかかる環境負荷の低減を検討していく場合には、食料の輸入の過程だけで

表 3-5　輸送機関別に見た二酸化炭素排出係数の比較

（単位：グラム／トン・キロメートル）

	1 トンの荷物を 1 キロメートル運ぶのに排出する二酸化炭素の量
営業用普通トラック	179.8
鉄道	22.0
航空	1460.7
内航船舶	40.4
外航船舶（バルカー）	9.6
〃（コンテナ）	20.7

［出典：営業用普通トラックから内航船舶までの数値は国土交通省，外航船舶の数値はシップ・アンド・オーシャン財団による］

なく、国内における輸送の過程にも着目していく必要がある。国内における食料輸送に伴う環境負荷を低減させていくための方策としては、「モーダルシフト」が一つの有効な手段である。モーダルシフトとは、物流による環境への負荷を減らすため、トラックなどによる輸送からより効率的な大量輸送機関である鉄道、海運への転換を図ることを指す言葉である。このようなモーダルシフトの推進などを通じ、食料の国内輸送による環境負荷を低減していくための取組みが不可欠である。

また、より直接的に食料輸送にかかる環境負荷の低減を図っていくためには、なるべく近くで生産された食料を消費すること、いわゆる地産地消の取組みが重要となる。フード・マイレージは、この地産地消の環境負荷低減効果を定量的に計測する指標ともなる。次章では、さまざまな具体的な取組み事例から、国内輸送分も含めたフード・マイレージの計測と地産地消などの効果の測定を試みる。

3 日本の輸入食料のフード・マイレージの長期的推移と現在の状況

長期的にみた日本の輸入食料のフード・マイレージの推移

日本の輸入食料のフード・マイレージが諸外国と比べて際立って大きいことは先に見た通りだが、それでは、日本の輸入食料のフード・マイレージは、過去から一貫して大きいのだろうか。あるいは、日本の輸入食料のフード・マイレージが増大してきたとすれば、それはどのような理由によるのだろうか。そのような問題意識から、ここでは、主な輸入品目のフード・マイレージの長期的な推移を見てみる。

すべての輸入品について集計することは技術的に困難であるため、ここでは、主な輸入食品の小麦、トウモロコシ、大豆、なたねの四品目について集計する。これらはいずれも輸入依存度が高く、二〇一六年度における自給率（概算値）は小麦一二%、トウモロコシ〇%、大豆七

表 3-6　主要 4 品目の輸入量の推移　（単位：千トン）

年	1960	1970	1980	1990	2000	2010
小　麦	2678	4685	5682	5474	5854	5476
とうもろこし	1354	6018	12830	16008	16111	16188
大　豆	1128	3244	4401	4681	4829	3456
なたね	551	336	1059	1916	2193	2344
合　計	5711	14282	23971	28079	28987	27464

［資料：財務省「貿易統計」］

%となっている。また、これら四品目で近年における日本の輸入食料のフード・マイレージ総量の約六割を占めていることから、これら四品目を取り上げることで、日本の輸入食料全体のフード・マイレージの推移を概観することが可能と考えられる。

これら四品目合計の輸入量は、戦後の混乱期を脱し経済の高度成長が始まる一九六〇年には五七一万トンであったのが、二〇一〇年には二七四六万トンへと、四・八倍へと大幅に増大した（表3-6）。

これら四品目のフード・マイレージの推移を図示したものが、図3-3の棒グラフである。品目ごとにみると、一九六〇年には小麦四八六億トン・キロメートル、トウモロコシ一九八億トン・キロメートル、大豆二〇五億トン・キロメートル、なたね七〇億トン・キロメートルと合計で九五八億トン・キロメートルであった。これが二〇一〇年には小麦九三一億トン・キロメートル、トウモロコシ三〇八七億トン・キロメートル、大豆六七三億トン・キロメートル、なたね四六六億トン・キロメートルの合計で五一五七億トン・キロメートルと、四三八%も大きく増大している。

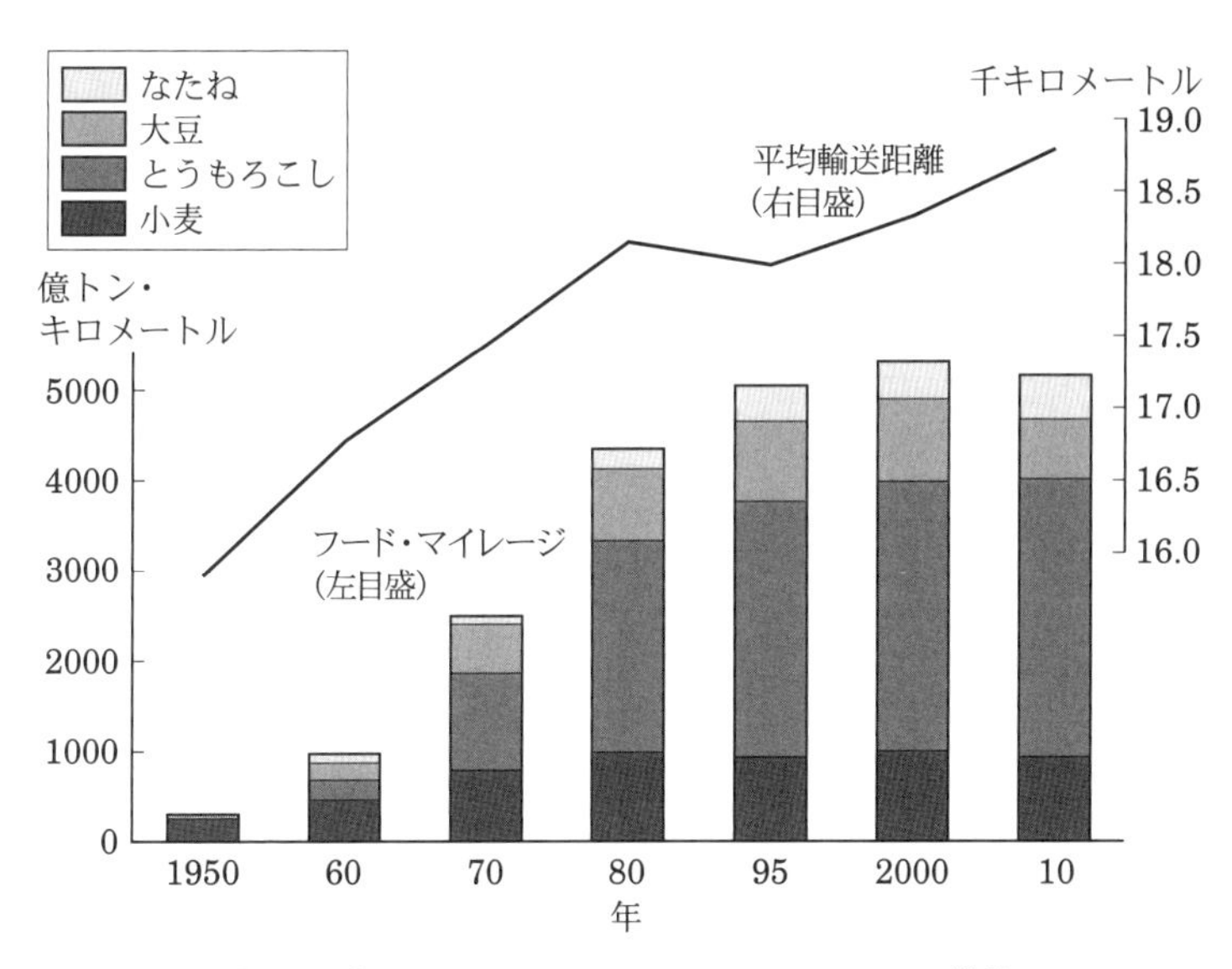

図 3-3　主要 4 品目のフード・マイレージなどの推移

この間のこれら四品目の増加分の六九%（寄与率）がトウモロコシである。輸入が増大したトウモロコシのほとんどは飼料用のもので、経済の高度成長の過程で日本における畜産物に対する需要が急増したことを反映している。

輸入相手国別の寄与率を見ると、アメリカが七九%を占めており、四品目のいずれでも大きい。経済の高度成長などの過程でアメリカへの依存度が大きく高まった状況がみられ、現在もその構造は基本的に変わっていない。

また、これら四品目の平均輸送距離はほぼ一貫して伸びている。

このように、日本の輸入食料のフード・マイレージが大きく増大してきた背景には、高度経済成長と所得の増大に伴って食生活パターンが大きく変化し、畜産物や油脂を大量に消費するようになったことがある。需要が急増した飼料穀物（トウモロコシなど）や油糧種子（油脂原料である大豆やなたね）を国内生産で賄おうとすると高コストとなるため、これら作物はアメリカ産を中心とする輸入に依存することとなった。その結果、トウモロコシや大豆などを中心に輸入食料の輸入量およびフード・マイレージが大幅に増大するとともに、平均輸送距離もほぼ一貫して伸びてきたのだ。

日本の輸入食料のフード・マイレージの現在

これまでの輸入食料のフード・マイレージの国際比較は、データの制約などから二〇〇一年という一時点のものであった。しかし、近年における世界の食料需給構造は大きく変化しており、日本の食料輸入にも大きな影響を及ぼしている。

このため、二〇一〇年および二〇一六年における日本の輸入食料のフード・マイレージを計測し、その結果（数値およびグラフ）は、表3-2および図3-1、図3-2ですでに示した通りである。

二〇一〇年における日本の輸入食料のフード・マイレージは八六六九億トン・キロメートル、

二〇一六年では八四一三億トン・キロメートルと、二〇〇一年と比べてそれぞれ三・七％、六・五％減少している（表3-2）。このように、最近の日本のフード・マイレージは、わずかではあるが減少傾向にある。

その要因を探るため、輸入量と平均輸送距離に分割してみよう。二〇一六年における食料の輸入量は五三七五万トンと、二〇〇一年に比べて八・一％減少している。これに対して平均輸送距離は一五六五四キロメートルと、逆に二〇〇一年（一五三九六キロメートル）よりも一・七％長くなっている。

なお、輸入量の減少は、最近における穀物等の国際価格高騰の状況を反映したものとみられ、金額ベース（輸入額）では増加している。

国別にみると、二〇〇一～二〇一六年の間のフード・マイレージ減少に最も寄与が大きいのはアメリカ（一四・八％減）で、ブラジルは一〇・八％増加している。

また、品目別に減少の寄与が最も大きいのは油糧種子（四・三％減）、次いで穀物（二・一％減）で、アメリカからのトウモロコシや大豆の輸入減を反映している。これは、中国など新興国によるアメリカからの大豆などの輸入が増加していることを反映したものとみられる。

穀物については、やはりブラジルからの輸入が増加しており、ウクライナからの飼料用トウモロコシ輸入も増加するなど、より遠隔地からの輸入が増加している。

また、肉類の輸入量は全体として横ばいであるが、アメリカからの牛肉輸入が減少する一方でブラジルからの鶏肉輸入が大きく増加しており、ＢＳＥ、高病原性鳥インフルエンザといった家畜伝染病の影響がみられる。

さらに、ブラジルからの飲料・アルコールの輸入が増加しているが、これはエタノールで、国内におけるバイオ燃料に対する需要増加が背景にある。

このように、最近の日本の輸入食料のフード・マイレージ変化の背景には、新興国の需要急増などの世界の食料需給構造の変化といった事情がある（アメリカの輸出農産物について、日本は「買い負け」ている）。その中で、日本の食料輸入は、より遠隔の輸入相手国にシフトしつつある状況がうかがえるのだ。

chapter 4

フード・マイレージと地産地消、食育

1 地産地消の取組みの隆盛とその背景

近年、多くの地域において、いわゆる「地産地消」の取組みが盛んとなっている。しかし、これらの具体的な効果についての定量的な計測はほとんど行われていない。ここではまず、埼玉県下のある中学校の学校給食の事例を取り上げる。ここでの地産地消の取組みについて、フード・マイレージという指標を用い、食料輸送にかかる環境負荷低減の効果について定量的に明らかにする。なお、前章におけるフード・マイレージは輸入食品の輸入の過程に限定していたが、ここでは、国産食品および輸入食品の国内輸送を含むフード・マイレージを扱う。

さて、「地産地消」については、その「地域」の範囲など明確な定義はないが、一般的には、地域で生産された産物をその地域で消費するという取組みを指す。近年、「地産地消」の取組みが盛んとなっている背景には、消費者の間に食の安全性に対する不安感が高まっているという事情がある。第1章（chapter 1）4節で触れたように、国内における初のＢＳＥ（牛海綿状脳症）の確認、輸入食品からの残留農薬などの検出と健康被害の発生、多くの企業などにおける食品偽装などの事件・事故が続発した結果、消費者は食に対して大きな不安感を有するようになった。これら個々の事件・事故の直接的な原因はそれぞれにあるが、食に対する不安感の高まりに共通する背景には、食卓（食）と食料生産の現場（農）との間の距離が拡大しているという事情があることも、すでに触れたとおりである。

消費者の多くはこの距離の大きさに気づき、自分たちの口に入る食料を生産している人の顔が見えなくなっていることに不安を感じている。地産地消は、この食と農との間の距離を縮め、食に対する安心感を得ようとする運動と位置づけることができよう。

これらの点は、国の食料政策でも明確に意識されている。二〇一〇年に公布された六次産業化・地産地消法（地域資源を活用した農林漁業者等による新事業の創出等及び地域の農林水産物の利用促進に関する法律）においては、地産地消などの取組みが、生産者と消費者の結びつきの強化、地域の農林漁業および関連事業の振興、豊かな食生活の実現、食育の推進、環境への負荷の低減などに寄与する旨が明記されている。また、すべての都道府県においてこの法律にもとづく地産地消の推進に向けた計画が策定されているなど、地方公共団体においても特色のある地産地消の取組みが行われている。

また、野菜については、従来は「指定産地制度」などにより首都圏など大消費地への安定供給を図ってきたため、産地の大型化・遠隔化と全国的な広域流通が進展してきたが、近年では、野菜政策においても、顔の見える関係の構築、食の安全・安心の要請に応えるものとして、地産地消が推進されている。

ちなみに、いわゆる地産地消的な取組みは、日本に限られるものではない。たとえば、北イタリアから始まって現在は世界の一六〇か国以上に拡がっている「スローフード運動」は、消えつつある郷土料理や質の高い地域の食材を守っていくこと、質の高い食材を提供してくれる小生産者を守っていくことなどを目的としており、日本の地産地消の取組みに通じるものである。

フランスのAMAP（Associations pour le Maintien d'une agriculture Paysanne；小規模農家を維持するアソシエーション）は、ヨーロッパでBSEが拡大する中、後述するアメリカのCSAをモデルに広がってきた市民運動である。

隣国の韓国では「身土不二」の運動が進められている。身土不二とは、もともと中国の仏教書に登場する言葉であるが、現在は「食べものに宿る風土と人体に宿る風土が一致すればいいほど体によい」という考え方を表す言葉として、韓国における国産農産物愛用運動のスローガンとして用いられている。また、「農都不二」（農村と都会は一体）という言葉も使われている。

また、食料の大輸出国であり大規模な企業的農業経営が展開しているアメリカにおいても、地産地消的な取組みが拡がっている。それはCSA（Community Supported Agriculture,「地域が支える農業」）とよばれているもので、地域の家族農業経営を応援し、農村環境を保全しながら地域社会を維持しようとする運動である。これは、消費者は作付前に一年分の農産物を前払いで購入することにより、不作の場合のリスクも生産者とともに負担するという仕組みになっている。もともと日本の産直運動をモデルとしたものとされており、現在は一万二〇〇〇以上の組織によって展開されている。さらには、LOHAS（健康で持続可能なライフスタイルを追求する運動）も、地産地消の考え方に近い部分がある。

学校教育における地産地消の扱い

学校教育においても、近年、「生きる力」をはぐくみ健康教育を充実するという観点から、学校給食などを通じた食に関する指導が強化されてきており、この中で地産地消についても触れられるようになっている。

たとえば、文部科学省が作成・公表した小学生用食育教材「たのしい食事つながる食育」（二〇一六年）では、「食事をおいしくするまほうの言葉」（いただきます、ごちそうさま）が取り上げられ、生産者や給食を作ってくれる人に「かんしゃの手紙を出そう」としているほか、「地域に伝わる食べ物を大切にしよう」「地域に伝わる食べ物や行事食を調べてみよう」という項目の中で、生産者とのつながりの大切さや地産地消が取り上げられており、「私たちが毎日食べている食べ物には、その地域に伝わる特有の食べ物もあります。みなさんが住む地域には、どのような食べ物があるか調べてみましょう」として、伝統野菜などが取り上げられている。

また、行事食についての説明の中では、「日本は南北に長く、それぞれの地域に祭りや行事が伝わっていて、四季折々の自然から生み出される食材を使って季節の節目に食べられている行事食があります」とあり、風土や伝統文化との関連性の中で地産地消の重要性が強調されている。

文部科学省においても、地産地消の推進や食文化の継承といった課題に取り組むため、食品の生産・加工・流通などの関係者と連携しつつ、学校給食で使用する食品の調達方法や調理方法の仕組みづくりを行う「社会的課題に対応するための学校給食の活用事業」を実施している。

さらに、食に関する指導と学校給食の管理を一体的に展開することを目的として、二〇〇四年の学校教育法改正により制度化された栄養教諭が、二〇一六年五月一日現在で全国で五三五六人が配置されている。学校に配置された栄養教諭がコーディネーターとなって学校全体での食育が推進されており、地場産物を生きた教材として活用するなどの効果が現れている。

埼玉県N市立A中学校の学校給食の場合

これから、フード・マイレージという指標を用い、輸送にかかる環境負荷低減という観点から見た地産地消の効果について、具体的な事例に即して定量的に明らかにしていこう。

N市は埼玉県の南西部、都心二〇キロメートル圏内に位置する人口約一六万人の市で、二本の私鉄とJRの路線が走り、典型的な東京のベッドタウンとして都市化が進んでいる。一方、現在も農地面積が市域の約一五％を占めているなど、農地（畑）や平地林が比較的豊富に残されている地域でもあり、学校農園の設置や児童生徒の農作業体験活動などに積極的に取り組んでいる。

A中学校は、三学年計で生徒数約八〇〇人と、比較的規模の大きな中学校である。市の北部に位置し、おおむね住宅地や事業所に囲まれているが、近隣には農地も残されている。近隣の小学校には、学校農園も設置されている。

N市における学校給食はすべて自校方式（一部、調理は民間委託）であり、献立は各校の栄養士が独自に作成している。各校の栄養士は、安全で新鮮な地元野菜などを給食に取り入れるため、三〇年近く前から地元の農家に対して直接働きかけを行ってきた。当初、農家からは、学校給食は規格などが面倒、毎日の配送が大変といった意見も出されたが、学校給食の意義や目的についてねばり強く理解を求めた結果、現在では、ほぼすべての学校で地元農家や直売組合との契約を通じ地元産野菜が学校給食の食材として供給されている。

学校給食の食材使用量と産地

提供された学校給食のデータは、二〇〇四年五月（一七日間）分の食材ごとの使用量と産地である。

食材の使用量は全体で七六四二キログラムであり、種類別に見ると、最も多いのは鶏卵・乳類で二五五四キログラム（うち、牛乳二四六七キログラム）で、次いで穀類一三八一キログラム（うち、精白米五七一キログラム）、野菜一〇一六キログラムなどとなっている（図4-1）。これらのうち、牛乳と精白米はすべて埼玉県産であり、野菜についても約半分は埼玉県産である。産地別に見ると、牛乳、精白米、野菜など埼玉県産の食材が四一三九キログラムと過半を占めている一方、輸入品の割合は一％強にすぎない。

学校給食のフード・マイレージ

計測方法

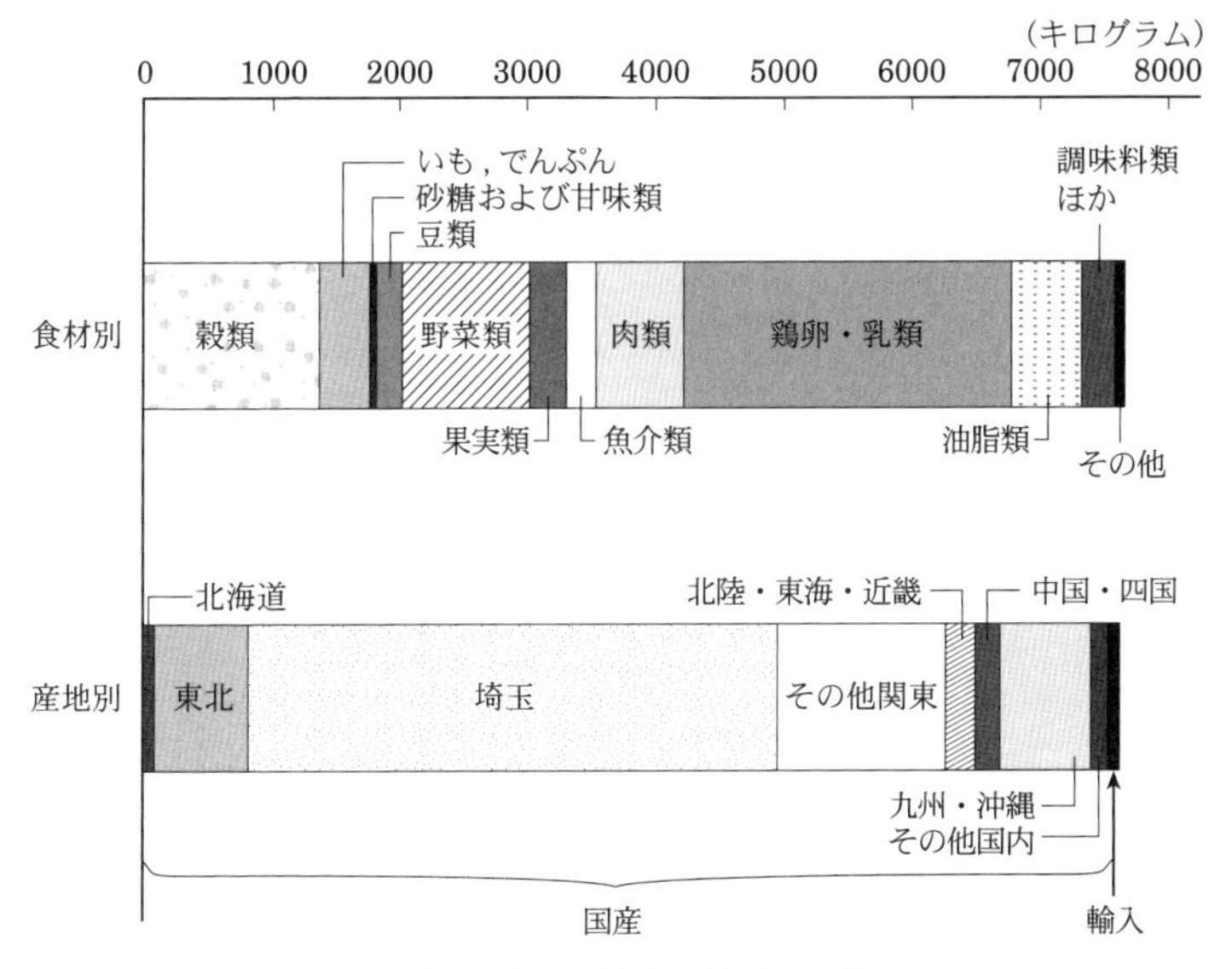

図4-1　学校給食の食材使用量（2004年5月）

フード・マイレージは、食材ごとの使用量に、産地からの輸送距離を乗じて累積することにより求められる。

輸入食品のフード・マイレージ計測の場合と同様、産地については原料の原産地までは考慮せず、製品としての産地としている。たとえば、この月には中華めんが三八五グラム使用されており、原料の小麦粉はオーストラリア産が七割、国産が三割となっているが、すべて県内で製めんされたものと仮定して、産地は埼玉県としている。

計測にあたって最も技術的に困難なことは、前章の輸入食料の場合と同様、輸送経路および距離の特定であった。国産品についても、個々の食材の産地および輸送経路はさまざまであり、それらを逐一特定することは現実問題として不可能であるため、以下のような仮定のもとに計測を行うこととした。

まず、国産品については、入手できたデータの産地は原則として都道府県単位であるため、輸送距離は当該品目の産地である都道府県庁所在地から同中学校までの距離をとることとし、すべてトラック輸送されているものと仮定して、輸送距離は道路輸送距離とした。

産地から同中学校までの道路輸送距離の計測には、インクリメントPがインターネット上で提供している地図検索サービス「MapFan Web」のルート検索機能を利用した。これは、出発地と目的地について住所または地図上の座標などで指定すると、その間の道路輸送経路と距離を算出してくれるソフトである。

なお、現実には食品の多くは産地から最終消費地まで直線的に運ばれるわけではなく、集荷や荷さばきのための施設（集出荷施設、市場、配送施設など）を経由することが一般的である。このため、このソフトにより求められた距離は、実際の輸送距離よりも過小となっているものと考えられる。

次に、輸入品の輸送距離は以下のような仮定で計測した。まず、輸出国から日本までの輸送距離については、前章の輸入食品のフード・マイレージ計測に用いた数値をそのまま使用した。すなわち、輸出国の国内輸送距離は当該国の首都から輸出港までの直線距離、輸出港から日本

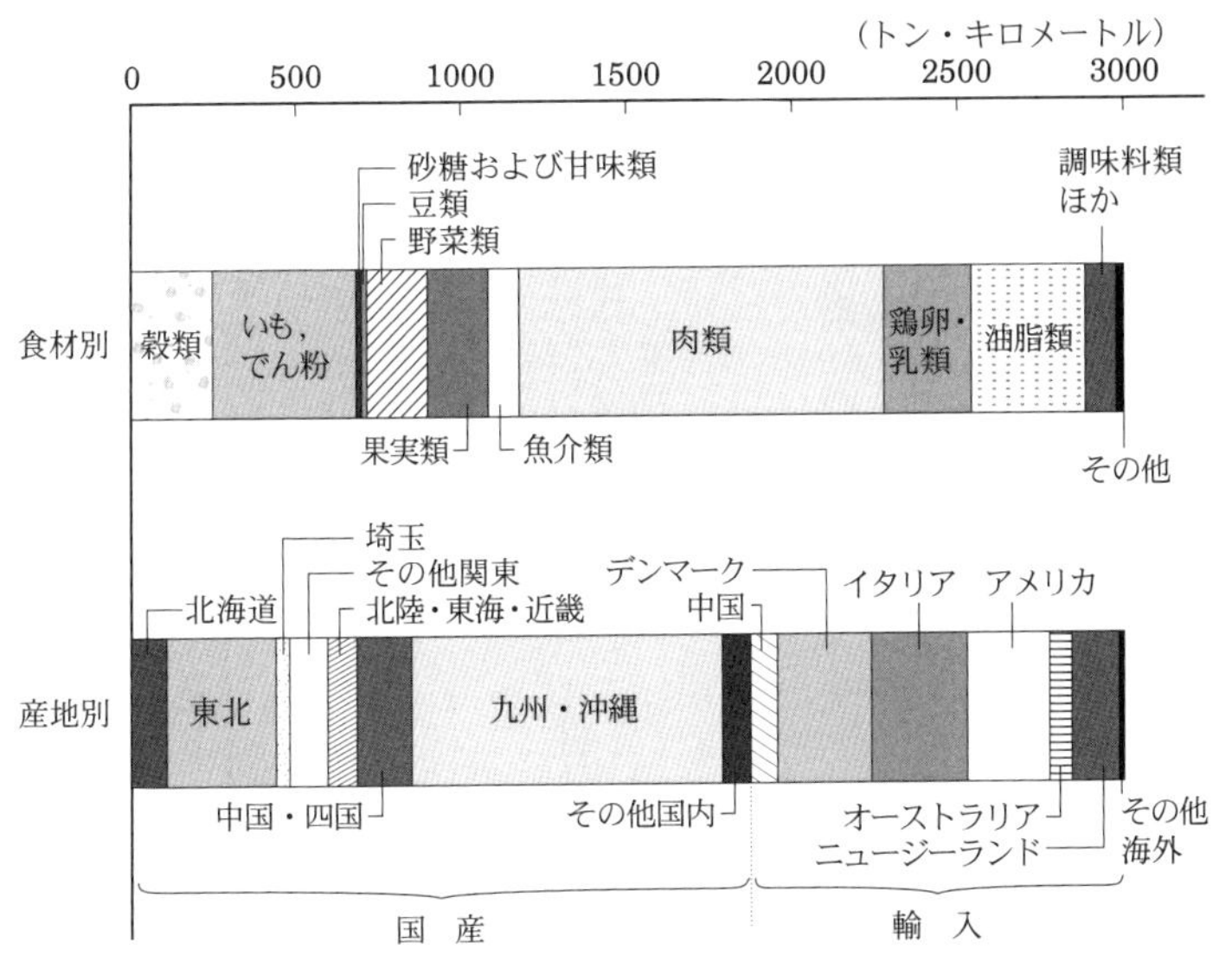

図 4-2　学校給食のフード・マイレージ（2004 年 5 月）

の輸入港（東京港）までは船舶による海上輸送距離とし、この合計が輸出国から日本までの輸送距離となる。さらに今回は、この距離に「MapFan Web」で求めた東京港から同中学校までの道路輸送距離を追加した。

計測結果

同中学校の二〇〇四年五月における学校給食のフード・マイレージは、約三〇〇一トン・キロメートルと計測された（図4-2）。

その構成を食材別に見ると、最も大きいのは肉類で一一〇〇トン・キロメートル、次いでいも・でん粉の四三一トン・キロメートルとなっている。前者については宮崎県産豚肉、デンマーク産ベーコンなどが、後者については長崎県産ジャガイモが大きなウェイトを占めている。

次に産地別の構成を見ると、九州・沖縄が九三九トン・キロメートル、次いで東北が三二六トン・キロメートルと大きくなっている。前者については宮崎県産豚肉や長崎県産ジャガイモ、後者については岩手県産鶏肉などが大きい。また、イタリア（オリーブオイル）やデンマーク、アメリカ（いずれもベーコン、ハム）など、輸入品のフード・マイレージが全体の四割弱を占めている。

図4-3は、食材別、産地別の食材使用量とフード・マイレージの構成比を、それぞれ比較したもので、食材別では肉類が、産地別では遠隔地である九州・沖縄や海外産地（輸入品）が際立って大きくなっていることがわかる。

地産地消の効果計測の試み

同中学校の給食のフード・マイレージは、先に述べたような地産地消の取組みにより相当程度縮小されている。

① 米

まず、精白米については、全量埼玉県産米を使用している（これは埼玉県における公立小中

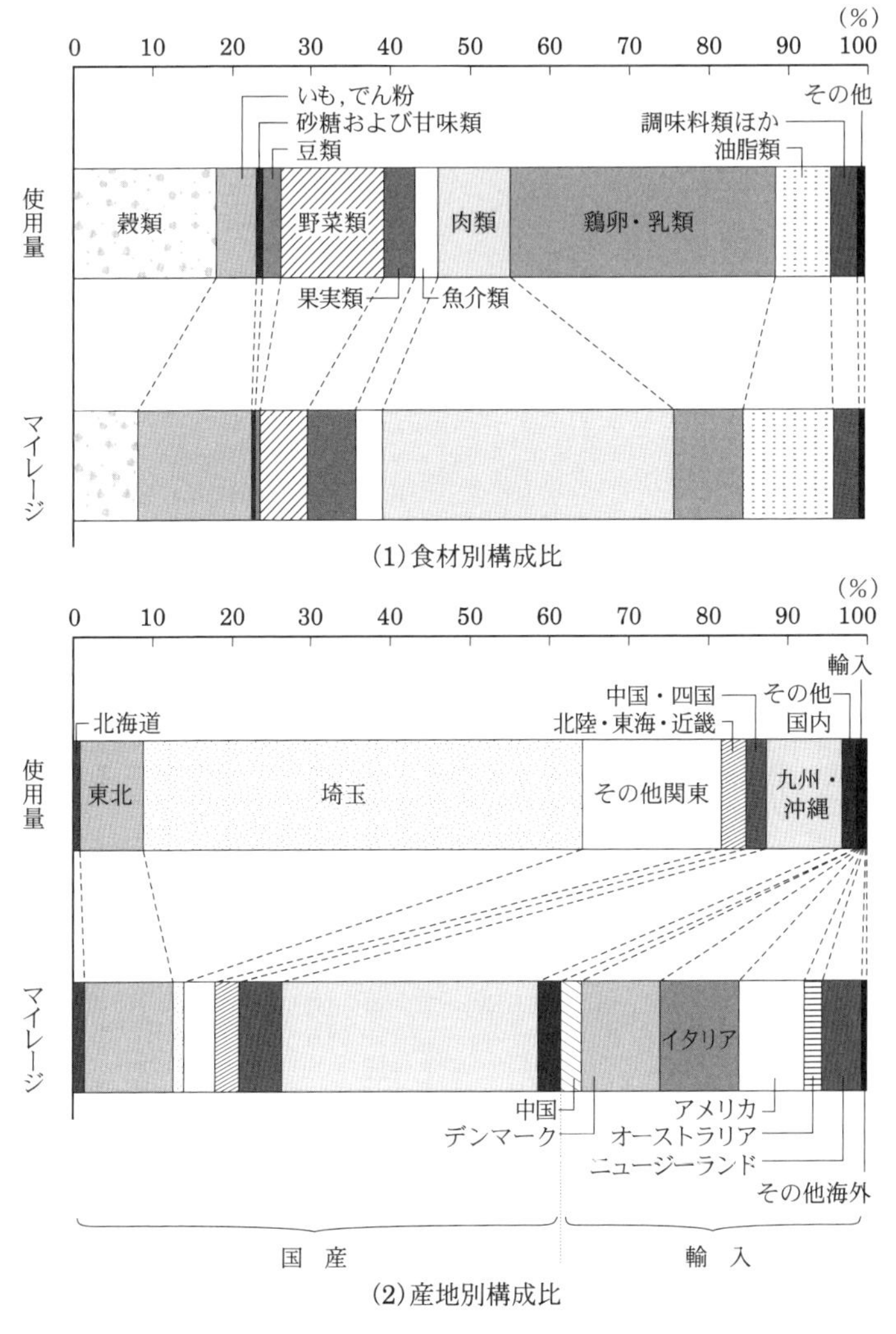

図4-3 学校給食の食材使用量とフード・マイレージ

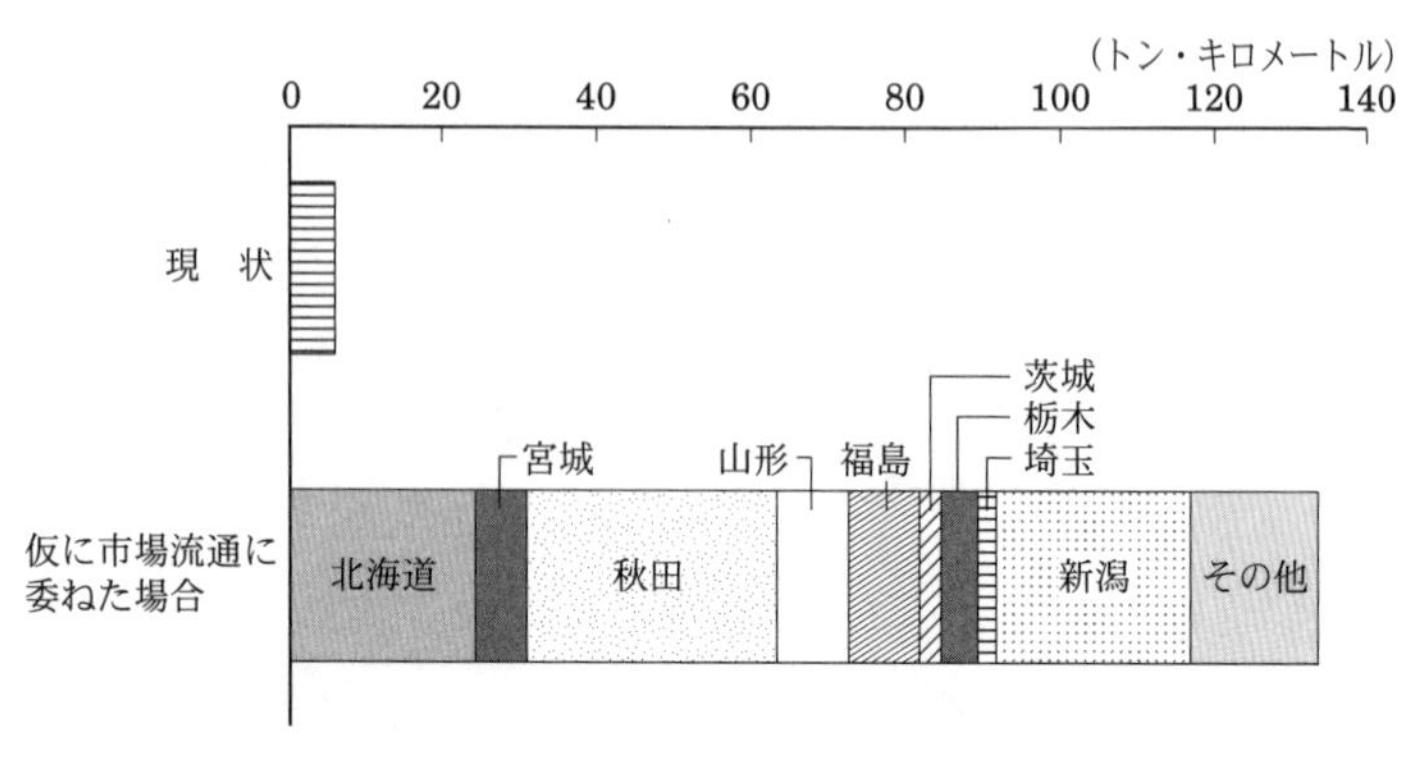

図 4-4 米のフード・マイレージ(産地別構成,地産地消の効果)

学校に共通した取組みである)。そのため、穀類全体に占める精白米の割合は、使用量(重量)ベースでは四一%を占めるにもかかわらずフード・マイレージは二%強にすぎない。

地産地消の取組みの効果を具体的に計測するため、現状(埼玉県産を一〇〇%使用)と、仮に市場流通にゆだねて調達(埼玉県下において実際に流通している米の産地別構成割合に即して調達)した場合のフード・マイレージとの比較を試みた。この年の県内需要量と生産量から推計すると、米の県内自給率はおおむね四〇%程度と考えられ、残りの六〇%についての産地別の流通割合は、新潟県産一四%、秋田県産九%、栃木県産七%などと推定された。

これらの数値をもとに、仮に市場流通にゆだねて調達した場合のフード・マイレージを計測すると一三三トン・キロメートルとなる。それが、現実には地産地消の取組みにより六トン・キロメートルと、このわずか五%弱の水準に縮小されているのである（図4-4参照）。

② 野 菜

野菜についても、地元業者を優先して調達しているほか、近隣の農業生産者で構成される直売組合との契約などにより、地場産の野菜を積極的に給食に取り入れている。

同中学校の学校給食において使用されている埼玉県産（直売所からの調達分を含む）の野菜は、キャベツ、小松菜、ホウレンソウなど五一一キログラムで、野菜全体（一〇一六キログラム）の五〇%強を占めている。

これら野菜について、米と同様、仮に市場流通にゆだねて調達した場合のフード・マイレージを計測し、現状と比較してみた。産地別の野菜の流通量については、埼玉流通情報協会が公表している「青果物の産地別市場動向」のうち、さいたま市青果市場の品目・産地別の数量のデータ（二〇〇四年五月分）を用いた。たとえば、キャベツについては千葉県産が、ホウレンソウでは岩手県産が大きな割合を占めている。

これら野菜を仮に市場流通にゆだねて調達した場合のフード・マイレージを計測すると一七トン・キロメートルとなるが、現実には地産地消の取組みにより四トン・キロメートルと、二四%の水準に縮小されている（図4-5参照）。

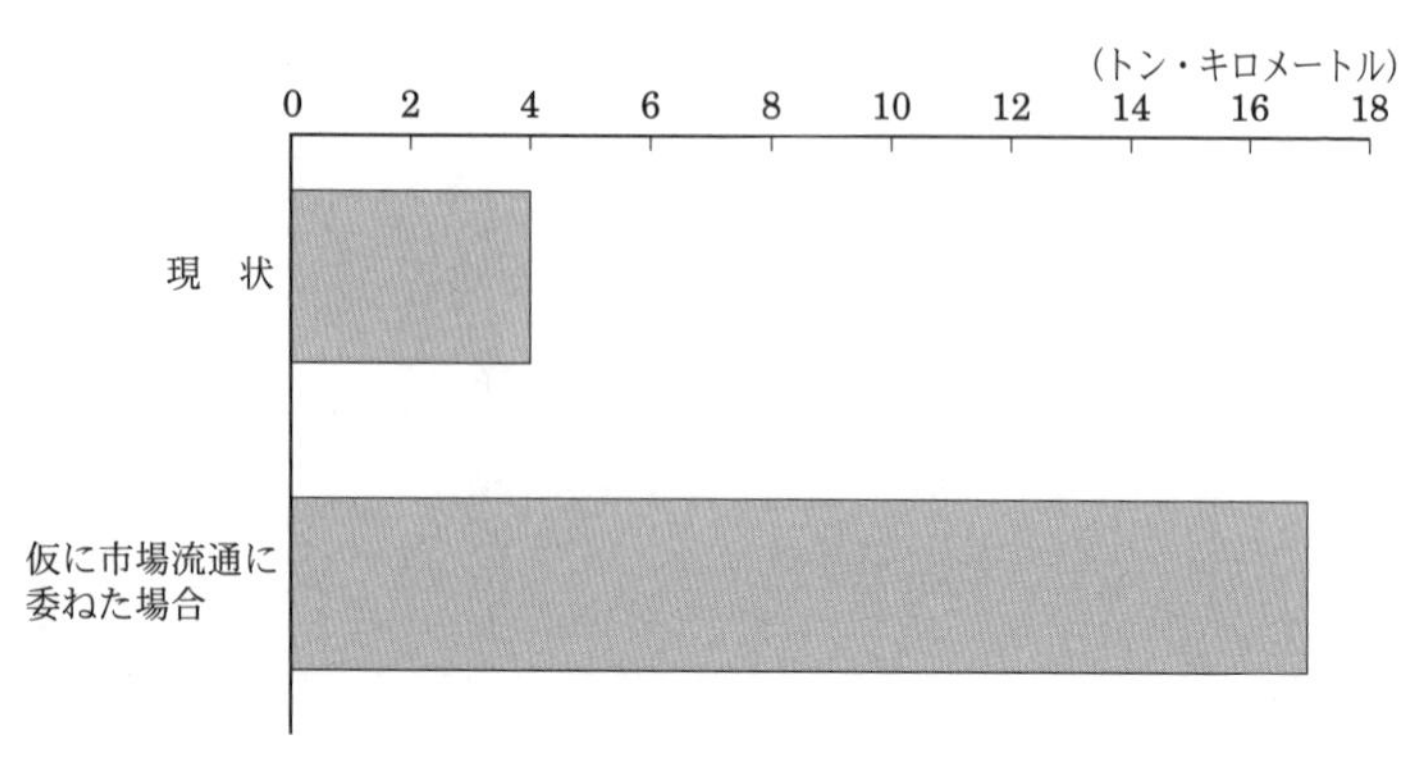

図 4-5　野菜のフード・マイレージ

二酸化炭素の削減効果

以上の結果から、米と野菜について地産地消の取組みにより削減されたフード・マイレージは合計で一四〇トン・キロメートルとなる。これは、当該月のフード・マイレージ全体の五％弱に相当する。

これに営業用普通トラックの二酸化炭素排出係数（一八〇グラム／トン・キロメートル：一トンの貨物を一キロメートル輸送する際に排出される二酸化炭素の量）を乗じると五月の一か月で約二五キログラムとなり、これを単純に一二倍すると年間で約三〇〇キログラム（生徒一人当たり〇・四キログラム）と推計される。これが、同中学校における地産地消の取組みにより削減された二酸化炭素の量である。

これはどの程度の量であろうか。日本国内で食料輸送に伴い排出される二酸化炭素の量は国民一人当たり年間で約七一キログラムと推計され、これと単純に比較すると、この学校給食における地産地消の取組みにより削減された排出量は一％にも満たない。しかしながら、地球温暖化が全人類的な問題と認識され、温暖化ガスの排出量の削減が焦眉の課題となっている現在、こうした取組みを少しずつでも推進していくことは、大きな意義があると考える。

2 食育の場でのフード・マイレージの活用

熊本県宇城市「食と農の体験塾」の事例

熊本県宇城市三角町（うきしみすみまち）は、不知火海と島原湾を隔てるように突き出した宇土半島の突端部に位置し、先には天草諸島が連なる風光明媚な地である。ここで「三角町高野山（たかのやま）『食と農の体験塾』」を主宰されているのが宮田研蔵さん（六四歳）である。三〇数年前から環境に配慮した循環型の果樹農業などを営んできた宮田さんは、社会情勢や子どもたちの健康問題を目のあたりにして、「食べ物を生産する者として生産現場と消費者の垣根を低くして『食育』を共通の課題としてとらえなくては」と思い、一九九九年、自宅のみかん園の高台に「食と農の体験塾」を開塾した。天草諸島や不知火海を一望でき、晴れた日には鹿児島県桜島の噴煙も見えるという。パンやピザを焼く石釜、体験活動が行われるログハウス（電柱の廃材などを再利用）は宮田さんの手づくりである。

この体験塾では、さまざまなメニューを体験できる。たとえば、地場産小麦粉を使用した石窯によるパン・ピザづくり、炭火で焼くバウムクーヘンづくり、たきぎによる塩づくり、炭焼き、無農薬栽培ミカンのジャム・ジュースづくり、黒砂糖づくりなどである。

宮田さんは、これらのさまざまな体験を通じて子どもたちや保護者、消費者に農業や食の大切さを伝える活動を行っており、ほとんど宣伝は行っていないにもかかわらず、毎年、口コミで参加者が増加している。近年は親子連れなど一万名を超える参加者を受け入れたとのことで、宮田さんは「継続は力なり、石の上にも三年と昔からいわれるとおり、年を重ねるごとに理解者が多くなり嬉しく思っています」と笑う。しかし、体験活動の受入れは、通常、宮田さんと奥さんの二人で対応しているそうで、傍目から見ると大変多忙な日々を送っている。

なお、これらの活動が評価され、二〇〇四年度の「地域に根ざした食育コンクール」特別賞（審査委員会奨励賞）、二〇〇六年には第三五回日本農業賞・特別部門「食の架け橋賞」審査委員特別賞など、多くの受賞歴もある。

地場産小麦を使用したパン、ピザのフード・マイレージの試算

この宮田さんが行っている地場産小麦粉を使用したパンやピザづくりの取組みに関連し、フード・マイレージを用いた効果の測定を試みた。実際に使用されている小麦粉（および原料の小麦）のフード・マイレージを計測し、それを仮に輸入小麦を使用した場合と比較したものである。以下に述べる試算の全体像を示したものが、次ページの図4-6である。

体験塾で用いられている小麦は、宇土半島の付け根にあたる城南町（現、熊本市南区）の農家との契約などを通じ栽培されたもので、品種はニシノカオリとミナミノカオリである。ニシノカオリは、一九九九年にロールパンなどに適する初の暖地向けの硬質小麦として、また、ミナミノカオリは二〇〇三年に、さらに製パン適性が優れた品種として、いずれも九州沖縄農業研究センター（熊本県合志市）で開発育成された。もともと国産小麦、とくに暖地で栽培される小麦は、タンパク質含有量の関係からほとんどめんに使用され、パンには向いていないとされていた。それを長年の試験研究の結果、九州でも栽培できる製パン適性の高い小麦の品種が開発されたのである。地域における地産地消や食育の取組みの推進のためには、これら試験研究の重要性にも注目する必要があろう。

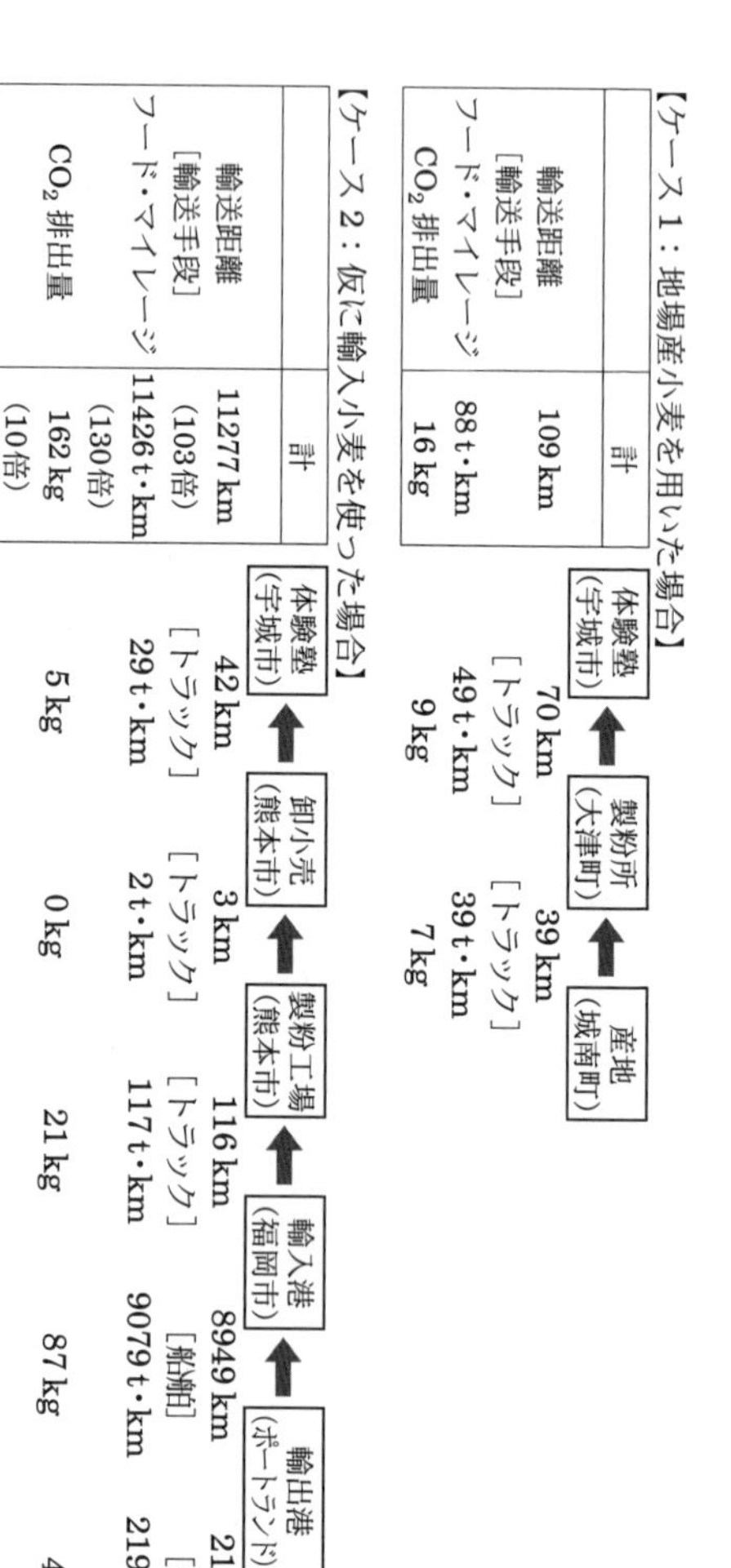

図4-6 小麦（粉）700 kg の輸送に伴う CO_2 排出量の試算―体験塾（熊本県宇城市）の地産地消と食育の取組み

注1 体験塾における小麦粉の年間使用量は 700 kg 程度である。
注2 小麦から小麦粉の歩留まりは 69％とした。
注3 二酸化炭素排出係数は，国土交通省およびシップ・アンド・オーシャン財団による。

宮田さんは、この小麦を熊本市の東にある大津町の製粉所に持ち込んで小麦粉に加工した後、塾に運び、パンやピザの手づくり体験に用いている。小麦の産地（熊本市城南町）から製粉所（大津町）を経由して体験塾（宇城市）までの輸送距離は、合計で約一一〇キロメートルである。体験塾で一年間に使用される小麦粉の量は七〇〇キログラム程度であるから、輸送距離にこの輸送量をかけ合わせたフード・マイレージは、約八八トン・キロメートルとなる。なお、産地から製粉所までは小麦の形態で輸送されるため、歩留まり（六九％）を考慮してある。つまり、七〇〇キログラムの小麦粉を生産するためには一〇一四キログラム（約一トン）の小麦が必要であり、産地から製粉所の間は、一〇一四キログラムの小麦が輸送されていることになる。

さて、この同じ体験活動を、輸入小麦を用いて行った場合のフード・マイレージはどうなるであろうか。フード・マイレージ計測のためには輸送経路と距離を明らかにすることが必要であるが、ここでは以下のように仮定した。

二〇〇六年における日本の小麦輸入量は五三四万トンで、うちアメリカからの輸入が五六％と過半を占めている。このため、仮に体験塾で輸入小麦を使用する場合はすべてアメリカ産と仮定するとともに、その輸送ルートも以下のように仮定した。

まず、アメリカ国内における産地であるが、実際に日本向けに輸出されている小麦の州別生産量は不明である。このため、本書では日本向け小麦はミシシッピ川以西の二二州で生産されている冬小麦および春小麦とし、その州別の生産量の構成比が日本向け輸出小麦の産地別構成比に等しいものと仮定した。アメリカ農務省の統計によると、二〇〇四年のミシシッピ川以西二二州における春小麦および冬小麦の生産量は一七億六〇〇〇万ブッシェルで、州別にはカンザス州（シェア一九％）、ノースダコダ州（同一四％）などが多い。

また、日本向け小麦はすべてオレゴン州のポートランドから輸出されているものと仮定した。アメリカ国内における産地から輸出港までの小麦輸送は主として鉄道によっているが、鉄道の路線距離に関するデータが入手できなかったため、本書では各州の州都からポートランドまでの道路の路線距離を用いた。そして、米国内の産地から輸出港までの平均輸送距離は、各州の州都からポートランドまでの距離を州ごとの生産量の割合により加重平均して求めた結果、約二二〇〇キロメートルとなった。

ポートランドから輸出されたアメリカ産小麦は、バルカーとよばれる穀物運搬船で海上輸送され、熊本県下で使用されるものは通常博多港に陸揚げされる。この間の海上輸送距離は、海上保安庁の資料によると約八九〇〇キロメートルである。臨海部のサイロに一時貯蔵された小麦は、九州自動車道を通って熊本市内の製粉工場に輸送され、ここで製粉された後、同市内の卸・小売業者を経て体験塾に輸送されるものと仮定した。博多港から体験塾までの輸送距離は約一六〇キロメートルとなる。

以上の結果、仮に輸入小麦を使用した場合の小麦（粉）の輸送距離は合計で約一万一三〇〇キロメートルと、地場産小麦の場合の輸送距離の約一〇三倍となる。また、七〇〇キログラムの小麦粉のフード・マイレージは約一万一四〇〇トン・キロメートルと、地場産小麦の場合に比べ約一三〇倍となる。なお、輸送距離以上に倍率が大きくなるのは、小麦の形態での輸送距離が長いためである。

次に、この二つのケースにおける小麦（粉）輸送に伴う二酸化炭素の排出量を試算する。二酸化炭素排出量は、フード・マイレージに二酸化炭素排出係数（一トンの貨物を一キロメートル輸送した際に排出される二酸化炭素の量）をかけて求めた。体験塾で使用している地場産小麦はすべてトラックにより輸送されているため、フード・マイレージにトラックの排出係数をかけ合わせた二酸化炭素排出量は約一六キログラムとなる。これに対し、仮に輸入小麦を使用した場合は、アメリカ国内の産地から輸出港までの輸送については鉄道、輸出国から輸入港までは船舶、輸入港から製粉工場などを経由して体験塾まではトラックにより輸送されていることから、輸送段階ごとのフード・マイレージにそれぞれの排出係数をかけて合計すると、排出される二酸化炭素の総量は約一六〇キログラムとなった。つまり、仮に輸入小麦を使用すれば、地場産小麦を使用している現状に比べ約一〇倍の二酸化炭素を輸送の過程で排出するという試算結果となった。なお、輸送距離やフード・マイレージに比べ二酸化炭素排出量の倍率が小さいのは、アメリカ国内および最も長い距離の海上輸送の部分が、トラックに比べて二酸化炭素排出係数が小さい鉄道および船舶によっているためである。

以上の試算結果から、地場産の小麦を使用すること（地産地消）によって、輸送に伴う環境負荷を大幅に減らせることが明らかとなった。出来上がったパンやピザは、それが地場産小麦を使った場合であっても輸入小麦を使った場合であっても、外見や味、あるいは栄養成分は、大きく変わらない。製パン適性を考えれば、むしろ味は輸入小麦を使った場合の方が美味しいかもしれない。しかし、「食の大切さ」を伝える食育の取組みとしてのパンやピザづくり体験については、その食材がどこから来たか、どのくらいの距離を運ばれてきているかを考えることは、自分たちの食が、世界の食料問題や地球環境ともつながっているという想像力を働かせるきっかけになるという意味で、大きな意義がある。

ここで紹介した「食と農の体験塾」のように、地場産の農産物を食育活動に利用する地産地消の取組みは各地で盛んになっているが、輸送に伴う環境負荷の低減といった面まで意識しての取組みはまだ多いとはいえない。

宮田さんは、「食育、徳育はコツコツ努力しても、いい結果が出るのに何十年もかかってしまいます。ただ安いから、簡単だからとすませてしまう食事では、明日の日本を背負う子どもたちの体が心配です。日本の自給率が四〇％のもとで三割も食べ残す現状でいいのか、手間をかけて生産された命をはぐくむ本物の食べものが、はたして持続可能な適正な価格なのか、なぜ今、食育、地産地消なのか。いろいろな楽しい体験を通じて、消費者、お母さんと考え合う日々です」と訴えている。

宮田さんの食育に対する思いには、本当に熱く力強いものがある。

阿蘇地域の「あか牛」生産

阿蘇地域には、阿蘇五岳を中心として、外輪山に囲まれた周囲約一三〇キロメートルに及ぶ世界最大級のカルデラ地形の上に、二万ヘクタールを超える草原が広がっている。この広大な草原は「草千里」に象徴される独特の景観を形成するとともに、多種多様な動植物の生息の場ともなっている。一九三四年という、日本において最も早い時期に指定された国立公園の一つであり、多くの観光客が訪れている。

この草原は、平安時代の記録などから一〇〇〇年以上前からあることがわかっているが、実は自然に形成されたものではない。阿蘇地域の年間降水量は二五〇〇ミリメートルを超えるため、自然のままに放置しておくと、草原にはやがてかん木や樹木の幼木が侵入し生育してやぶになり、最終的には森林になってしまう。つまり、草原を保全していくためには、人による維持・管理作業が不可欠なのだ。

これまで主として維持・管理を担ってきたのが、畜産業を営む農家で組織された牧野組合であった。阿蘇の草原の多くは市町村が土地所有者となっている入会地であり、個々の畜産農家が入会地を利用するためには、その見返りとして野焼き、輪地切り、牧柵や牧道の修理といった公役が義務づけられている。

「野焼き」とは、毎年三月頃に草原に火を入れることで、害虫を駆除するとともに、かん木などが草原内に侵入するのを防ぐことにより、牛馬の飼料となるススキやネザサなどの芽吹きを促すものである。また、「輪地切り」とは、野焼きの際の延焼を防ぐため、五〜一〇メートルの幅で草を刈り取り、防火帯をつくる作業のことである。

阿蘇の草原は、一〇〇〇年以上にわたってそこに住み農業を営む人々が、牛馬の放牧地として利用するとともに、刈り取った草は牛馬の飼料や農業のための緑肥や堆肥として、あるいは茅ぶき屋根の材料として利用することにより、つまり人が手を加えることにより維持されてきたのだ。

しかし近年、阿蘇地域においても、農家の高齢化、牛馬の飼養頭数の減少、農作業の機械化や化学肥料の普及などから、入会権を放棄する人が増加し、多くの人手を必要とする野焼きや輪地切りといった草原の維持・管理作業の継続が困難になってきている。

ところで、牛は豚や鶏などと違い、基本的には草で飼養することが可能な家畜である。牛には胃が四つあることはよく知られているが、このうちの第一胃(ルーメン)に共生する微生物の働きによって、セルロースなどを消化することができる。ちなみに、家畜は英語で"Live-stock"というが、これは、人間が直接には利用できない（栄養として消化・吸収できない）草資源を、肉や乳といった人間が利用可能な形態に変化させ貯蔵するという意味で、まさに生きた（Live）蓄え（Stock）である。

日本の畜産業は、トウモロコシなどの輸入飼料に大きく依存している。二〇一六年度（概算）の飼料自給率はTDN（可消化養分総量）換算でわずかに二七％であり、日本の輸入食料に関するフード・マイレージの大きな部分をこれら飼料穀物が占めていることも、第3章（chapter 3）で見たとおりである。

阿蘇地域は豊富な草資源に恵まれているとはいえ、生産コストの低減と肉質向上の観点から飼料自給率は低下している。労力をかけて草原を維持・管理し牧草を刈り取るよりも、輸入粗飼料を使った方がコスト的には割安で利便性も高い。また、日本人の志向に合わせてサシ（脂肪交雑）を入れようとすると、どうしても穀物を多く与える必要が出てくる。したがって、阿蘇地域においても輸入飼料への依存度を高めることは、経済効率性という観点からは合理的な選択といえる。しかし、その結果、阿蘇の草原の維持・管理は次第に困難になりつつあり、このままでは素晴らしい景観や生態系も失われかねない。現在、このような状況に危機感を抱くさまざまなＮＰＯや財団法人などが中心となって、都市住民を含むボランティアによる野焼き・輪地切りなどの取組みが盛んとなってきている。

一方、昔ながらの畜産経営を守ることにより、阿蘇の草原を守ることに取り組んでいる人々もいる。

大分県に接する熊本県産山村は、山林と原野が八割を占める人口一五〇〇人の小さな村である。阿蘇・久住・祖母という九州の三名山を一望でき、環境省の名水百選にも選ばれた「池山水源」があり、珍しい植物も多く自生するなど、自然環境に恵まれた地域である。ちなみに、筆者は森林と棚田に囲まれた秘湯、御湯船温泉のファンである。

この産山村で畜産を営まれている井信行さんは八二歳、環境省の検討会委員や牧野組合の組合長などを務めるうちに、「本物の牛肉を消費者に食べてもらうには、生産者が自ら直接消費者に売るしかない。都会の消費者に阿蘇のあか牛の生産過程と生産経費をわかってもらい、納得のうえで食べてもらいたい」という思いから、一九九六年、四人の仲間とともに「さわやかビーフ生産組合」を立ち上げた。阿蘇あか牛の生産と直販を行う組織である。

阿蘇あか牛とは、阿蘇地域を中心に伝統的に飼養されてきた「褐毛和種」という和牛の一種で、耐寒・耐暑性に優れ、粗飼料中心の放牧に適している。肉質は赤身が多く、いわゆるサシ（脂肪交雑）が少ない。このため価格は和牛の中では安く、全体の生産量は減少傾向にあったが、近年は脂肪分が少ないことがかえって健康面から見直されつつあるという。なお、現在の日本における牛肉の取引規格は、脂肪交雑の度合いによってランク付けされており、サシが多く入っている肉の方が高い値段で取り引きされているが、脂質の摂取過多が問題となっていることを踏まえれば、この規格については見直しの余地があるのではないか。

また、現在の日本においては、子牛の生産と肥育が別の場所で行われていることが多いが、「さわやかビーフ生産組合」では地域内一貫生産に取り組んでおり、飼料もなるべく地元産を与えるようにしている。さらに、加工や販売も自らの手で行っているため、生産者の顔が消費者に見え、消費者の安心感につながっている。

熊本県産山村「さわやかビーフ」のフード・マイレージの試算

この「さわやかビーフ」を事例として、フード・マイレージの計測を行った。この計測の特徴は、最終生産物である牛肉だけではなく、それを生産するための飼料を含むフード・マイレージを計測したことである。図4-7が試算結果をまとめたものである。

ケース1が、飼料の全量を地元でまかなった場合である。先に述べたように、牛の場合は豚や鶏と違って牧草中心で飼養することが可能だが、肥育の最終段階では仕上げのために飼料穀物の給与が不可欠という。このため「さわやかビーフ生産組合」でも、完全に飼料の一〇〇％を地元でまかなっているわけではない（飼料の地域内自給率は九〇％程度とのことである）が、

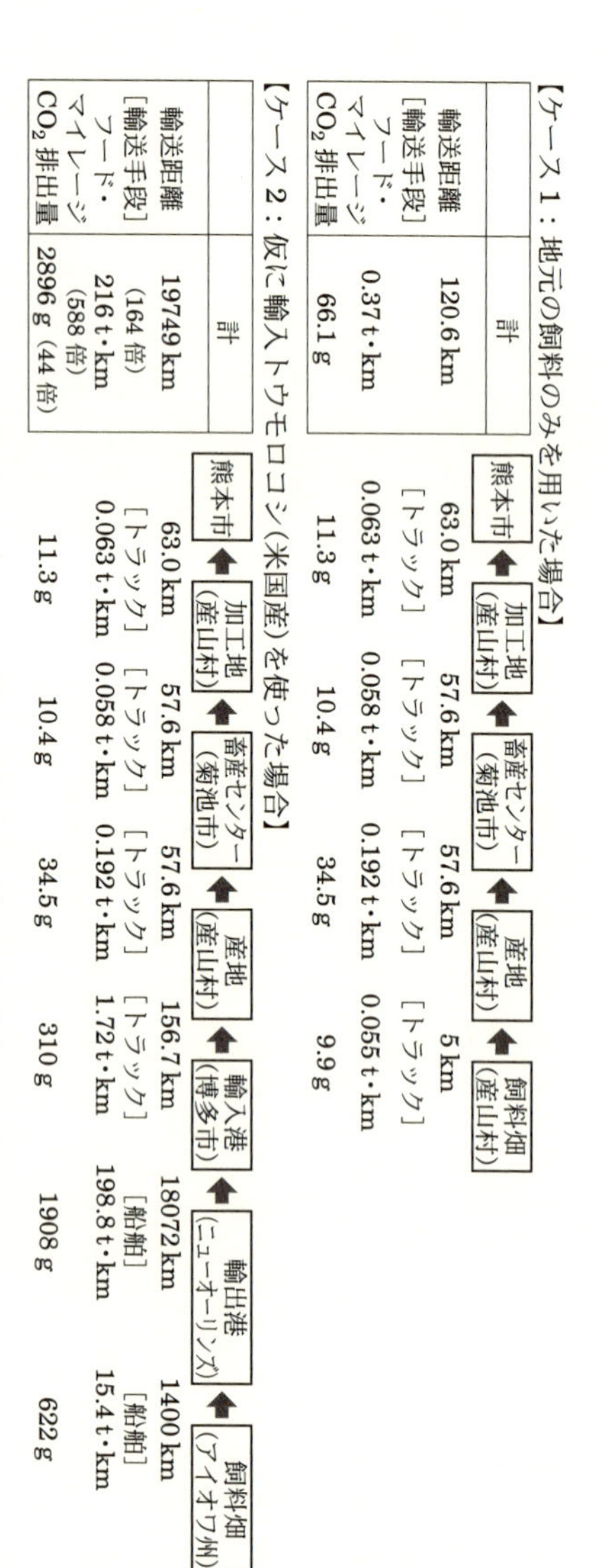

【ケース1：地元の飼料のみを用いた場合】

	計	熊本市←加工地（産山村）	加工地（産山村）←畜産センター（菊池市）	畜産センター（菊池市）←産地（産山村）	産地（産山村）←飼料畑（産山村）
輸送距離	120.6 km	63.0 km	57.6 km	57.6 km	5 km
［輸送手段］		［トラック］	［トラック］	［トラック］	［トラック］
フード・マイレージ	0.37 t・km	0.063 t・km	0.058 t・km	0.192 t・km	0.055 t・km
CO_2 排出量	66.1 g	11.3 g	10.4 g	34.5 g	9.9 g

【ケース2：仮に輸入トウモロコシ（米国産）を使った場合】

	計	熊本市←加工地（産山村）	加工地（産山村）←畜産センター（菊池市）	畜産センター（菊池市）←産地（産山村）	産地（産山村）←輸入港（博多市）	輸入港（博多市）←輸出港（ニューオーリンズ）	輸出港（ニューオーリンズ）←飼料畑（アイオワ州）
輸送距離	19749 km（164 倍）	63.0 km	57.6 km	57.6 km	156.7 km	18072 km	1400 km
［輸送手段］		［トラック］	［トラック］	［トラック］	［トラック］	［船舶］	［船舶］
フード・マイレージ	216 t・km（588 倍）	0.063 t・km	0.058 t・km	0.192 t・km	1.72 t・km	198.8 t・km	15.4 t・km
CO_2 排出量	2896 g（44 倍）	11.3 g	10.4 g	34.5 g	310 g	1908 g	622 g

図4-7　牛肉1kgの輸送に伴うCO_2排出量の試算（飼料を含む）

注1 牛肉の生体から牛肉の歩留まり30%，飼料要求率は11倍とした。
注2 二酸化炭素排出係数は，国土交通省およびシップ・アンド・オーシャン財団による。

ここでは仮に地元産の飼料のみで飼養しているものと仮定して計測した。

牧草畑から牧場（肥育地）までを仮に五キロメートルとした。肥育された牛は菊池市七城町の畜産流通センターに運ばれてと畜・解体され、ブロック肉のかたちで再び産山村に運ばれる。この間の道路輸送距離は片道五八キロメートルある。産山村の加工所において、井さんたちの手作業により最終商品の形に加工（カット）されパックされた後、消費地である熊本市まで運ばれる。この間の距離は六三キロメートルで、輸送距離は合計で一二一キロメートルとなる。

さて、飼料を含むフード・マイレージの計算は、若干複雑になる。ここでの計測例は牛肉一キログラムを輸送するケースであり、この重量に輸送距離をかけ合わせたものが通常のフード・マイレージである。しかし、飼料を含む牛肉のフード・マイレージの計測の場合は、製品、枝肉、生体、飼料と、流通の過程で形態（重量）が変わるという事情を考慮する必要がある。

牛はと畜・解体された後、内臓や骨を除いて最終製品である牛肉となるが、生体から牛肉までの歩留まりは三〇％程度である。つまり、一キログラムの牛肉を生産するためには三・三三キログラムの牛（生体）が必要であり、このため、産地（産山村）からと畜場（菊池市七城町）の間は計算上三・三三キログラムの牛が輸送されることとなる（実際には、頭単位で輸送される）。

さらに、さかのぼって飼料段階のフード・マイレージを計測するためには、飼料の重量を「飼料要求率」を用いて計算する必要がある。飼料要求率とは一キログラムの畜産物を生産するために必要となる飼料の量で、牛肉の場合はトウモロコシ換算で十一倍程度といわれている。つまり、一キログラムの牛肉を生産するためには約十一キログラムの飼料が必要となる。厳密には粗飼料と濃厚飼料（穀物など）では異なるが、ここでは一律に十一倍と仮定する。

このため、ケース1（現状）では牧草畑から産地まで十一キログラムの飼料が輸送されることになる。そして、それぞれの輸送距離に輸送量（牛肉は一キログラム、生体は三・三キログラム、飼料は十一キログラム）をかけ合わせ、それを累計すると〇・三七トン・キロメートルとなる。これが、産山村で地元の飼料を用いて一キログラムの牛肉を生産した場合のフード・マイレージである。また、この間の輸送はすべてトラックにより輸送されるものと仮定すると、二酸化炭素の排出量は六六グラムになる。

さて、ケース2は、仮に飼料の全量をアメリカからの輸入トウモロコシに依存した場合である。計算の仮定として、トウモロコシの産地はコーンベルトの中心部であるアイオワ州とし、ここから輸出港であるニューオーリンズまでミシシッピ川を水上輸送されるものとする。この間の輸送距離は約一四〇〇キロメートルである。ニューオーリンズから輸入港である博多港までの海上輸送距離は約一万八一〇〇キロメートル、そこから産地である産山村までの道路輸送距離は約一五七キロメートルである。産地から畜産流通センターを経由し、消費地の熊本市までの輸送経路と距離はケース1と同じである。さて、この間の輸送距離は全体で約一万九七〇〇キロメートルと、ケース1の一六四倍となる。また、それぞれの輸送距離に輸送量をかけ合わせ合計したフード・マイレージの大きさは約二一六トン・キロメートルと、ケース1の実に六〇〇倍近い水準となる。これは、飼料（牛肉の十一倍の重量）としての輸送距離がケース1

に比べて格段に長いためである。また、これをもとに二酸化炭素排出量を試算すると約二九〇〇グラムとなり、これはケース1の四四倍の水準に相当することになる。ここでもフード・マイレージに比較して倍率が小さくなるのは、アメリカ国内および海上輸送の部分が、トラックに比べて排出係数が小さい船舶によっているためである。

いずれにしても、この計測結果は、畜産の場合、飼料を地元で自給することにより輸送に伴う環境負荷を大きく削減できることを示している。このことは、今後の日本の畜産のあり方を考えるうえで、大きな示唆を含んでいる。確かに、経済効率性や生産コストの面だけをとらえると、国内で自給飼料を生産するよりも安価な輸入飼料に依存した方が合理的である。これまで日本の畜産はこのような方向で「近代化」を追及してきたし、その結果、現在のような経済効率的な、輸入飼料に依存した畜産生産構造が出来上がっている。しかし、環境という要素を加味するとまったく違った姿が見えてくる。さらに、地元の飼料生産基盤を維持することは、草原という地域資源の維持につながり、景観や生物多様性の保全にも貢献することになるのだ。

なお、輸入粗飼料は、割安感や利便性を理由に増加傾向で推移してきたが、二〇〇五年度の中国における口蹄疫の発生などを受け複数回にわたり中国産稲わらの輸入停止措置がとられるなど、グローバル化に伴うリスク要因も大きくなっている。

ところで、飼料自給率向上の取組みは、阿蘇地域のような草資源に恵まれた地域でなければ困難という見方もあるだろう。しかし、家畜の飼料となり得る資源でありながら十分に利活用されていない資源は、たとえば、国産の稲わらや食物残さ（食べ残し）など、都市近郊を含めて豊富にあるのだ。食物残さなどの飼料としての利用は、安全性や品質面の安定性の確保が前提となるが、いずれにせよ、現在の二八％にすぎない飼料自給率を少しでも向上させる方策は、いくらも考えられるだろう。

ここで、再び井さんに登場していただこう。井さんの信条は「人との出会いを大切にする」ことという。そう話される井さんの笑顔は本当に魅力的で、人をとらえて離さない。井さんは語る。「多くの仲間と力を合わせ、阿蘇の草資源を最大限に生かしたあか牛を生産し販売することによって、都会の人たちにより深く阿蘇を知ってもらえる。阿蘇の活性化のためには、都会の人たちの理解と、都市と農村との結びつきを強めることが重要。これからも草と牛、牛と人、山村住民と都市住民が相互に結びつきを深めていくことを願ってやみません」。

生協における「地産地消弁当」の取組み

食育はさまざまな関係者によって取り組まれているが、各地域にある消費生活協同組合（生協）も、その重要な主役の一つである。生活協同組合は、消費者団体としての性格とともに、組合員のために生活に必要な物資の購入・加工・生産などを行う事業者としての性格も合わせて有している。このため、消費者と生産者、事業者との橋渡し（顔の見える関係づくり）に取り組んでいる生協も多い。

ここで紹介する「コープ熊本学校生活協同組合」（略称「コープ熊本」、現在は合併して「生協くまもと」）も、「食と子育て」講演会、生産者を訪問しての田植え・稲刈り交流会などの活動を行っている。また、産直にも取り組んでいるが、この場合の「産直」とは「産地直送」ではなく、「産地（の生産者）直結」という意味である。

筆者は二〇〇六年五月一八日、コープ熊本主催の学習会に招かれ、「食育をめぐる情勢」などについて話をする機会を得た。二〇〇六年度の組合員活動全体のテーマは「食育」である。

食育推進にあたっての農政局（行政）の役割は、さまざまな関係者が実施する食育活動を側面から支援することであり、さまざまな勉強会に声をかけてもらうことは大変ありがたい。消費者団体や学校など、さまざまな場に職員が関係者と連携しつつ「出前講座」に行くことも多い。ただ、食育について話をする場合、その内容が非常に多岐にわたるため、ともすれば散漫になりがちである。このため、できるだけ身近な事例や素材を取り上げて説明するように心がけている。

当日の昼食は、特別に熊本県産の食材でつくった「地産地消弁当」を参加者全員で食べた。

弁当をつくったのは㈱亀井ランチである。しかも、当日の弁当は熊本県産の食材を使うだけではなく、栄養バランスにも配慮したものとし、食事の時間にはランチョンセミナーとして、同社の若い栄養士（積きよみさん）が、食事バランスガイドの説明も行った。

「地産地消弁当」のフード・マイレージの試算

私も話の最後に、この地産地消弁当（図4-8）を素材としたフード・マイレージを紹介した。レシピをもとに、食材ごとの使用量に産地からの距離をかけ合わせて地産地消弁当のフード・マイレージを計測し、これを、市場流通にゆだねて食材を調達した場合のフード・マイレージと比較することにより、地産地消の意義と効果を、輸送に伴う環境負荷削減という観点から明らかにしようとしたのである。

図4-8　亀井ランチ特製の「地産地消弁当」

弁当には、調味料を含め非常に多くの食材が用いられている。とくに、今回の地産地消弁当は、組合員の交流の場でみんなで食事をすることから、できるだけ多くコープ熊本の取引先の食材を盛り込んだ

表4-1 「地産地消弁当」の主な食材

食　材	米	ニンジン	タマネギ	豚肉
使用量(g)	102	12	25	20
自給率(%)	100.0	91.2	80.4	50.7
主な産地 (国内)	熊本(72%) 鹿児島(9%) 福岡(5%) 新潟(3%)	熊本 (68%) 北海道(23%) 青森 (5%)	北海道(53%) 熊本 (25%) 佐賀 (18%)	熊本 (96%) 佐賀 (3%)
(海外)	―	中国 (88%) NZ (7%) 豪州 (5%)	中国(100%)	デンマーク(38%) 米国 (36%) カナダ (26%)

という事情があり、また、栄養バランスの面からも、多くの品目が用いられた。フード・マイレージの計測には、比較的使用量の多い一六品目を取り上げて行った。

表4-1は、主な食材である米、ニンジン、タマネギおよび豚肉の使用量と産地を見たものである。今回の地産地消弁当では、これらの食材はいずれも熊本県産のものが使用されているが、熊本県下で一般に流通しているこれら食材の産地は、当然熊本県産に限定されるものではない。たとえば、米については国産が一〇〇%であるが、業務資料などにより産地別のシェアを推計すると、熊本県産が七二%を占めているほか、鹿児島県産が九%、福岡県産が五%、新潟県産が三%であった。ニンジンの自給率は九一%で、産地別シェアは熊本県が六八%、北海道が二三%、青森県が五%となり、八八%が中国からの輸入である。豚肉の自給率は五一%で、農林水産省「畜産物流通統計」によると、熊本県下で流通している

国産豚肉のほとんど(九六%)が熊本県産で、輸入品はデンマーク産(三八%)、アメリカ産(三六%)、カナダ産(二六%)となっている。

さて、それぞれの使用量に輸送距離をかけ合わせて累積した数値が、この地産地消弁当のフード・マイレージとなる。輸送距離は一律に五〇キロメートルと仮定(熊本市から、熊本県下における米の主産地の一つである阿蘇市中心部までが約五〇キロメートルである)して計算した結果、この地産地消弁当一食分のフード・マイレージは一二キログラム・キロメートルとなった。

これと比較対照するため、同じ食材を仮に市場流通にゆだねて調達した場合のフード・マイレージを計測した。この場合も、輸入品、国産品を問わずにまったく市場流通に委ねて調達した場合(ケース3)と、同じように市場で調達するものの、輸入品は使用せずに国産の食材のみを選んだ場合(ケース2)の二つのケースについて試算を行った。輸送距離は、国産品については産地の都道府県庁所在地から熊本市までの道路輸送距離、輸入品は首都から輸出港を経た海上輸送距離(第3章の輸入食料のフード・マイレージ計測に用いたデータ)である。

計測結果を図示したものが図4-9である。ケース3(市場流通)のフード・マイレージは三二五キログラム・キロメートル、ケース2(国産食材)は八七キログラム・キロメートルであるのに対し、ケース1(地産地消)は一二キログラム・キロメートルである。このように、

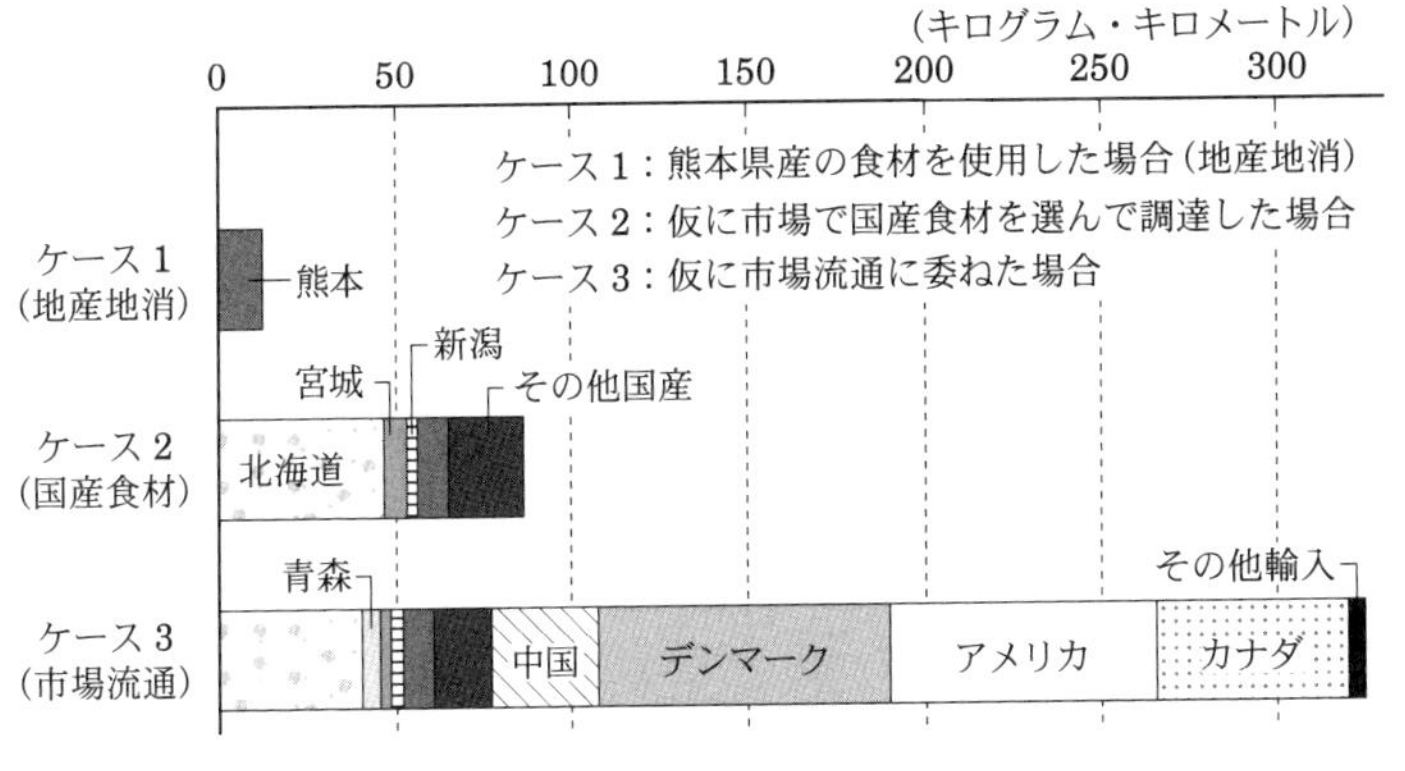

図4-9　地産地消弁当のフード・マイレージの試算

地元の食材を使用することで、フード・マイレージが大幅に削減されていることが明らかである。輸送に伴う環境負荷が相当程度軽減されていることがわかる。

コープ熊本でこのような話をしたときは、それなりの反響があった。消費者からみた地産地消のメリットは、一般には新鮮であること、生産者の顔が見えやすいから安心ということだが、それだけではなく、実は地球環境への負荷を軽減するという効果もあると説明すると、参加者のみなさんはそれなりに感心してくれる。

このときの学習会を企画した一人である元理事の毎熊知子さんは、「参加者のほとんどにとってフード・マイレージという言葉は耳新しいものだったし、自分たちがこれまで取り組んでいた地産地消の取組みが、実は地球環境とまでつながっているとは、本当に新しい発見でした。これからも自分なりに考えてさまざまな取組みを進めていきたい」と感想を述べていた。

CSまちデザイン「食農共育（ともいく）」

「NPO法人コミュニティスクール・まちデザイン」（略称CSまちデザイン、東京都世田谷区）は、暮らしを豊かにするための市民の学びの場、生活クラブ生協とその関連団体の人材育成・共育機関として二〇〇二年に設立され、その後二〇〇六年七月にはNPO法人格を取得した。同法人は、「食と農と地域をつなぐ」をテーマに、オリジナルプログラムによる総合的な学習の時間の出前授業、誰でも参加できる市民講座の実施、料理スクールのマネージメントやインストラクターの育成、全国への講師派遣など多彩な活動を行っている。

同法人理事長の近藤惠津子さん（図4-10）は、設立当初から、子どもたちの総合的な学習の時間や社会人の食育セミナーにおいて、フード・マイレージの考え方を取り入れた独自の講座を実施している。食品添加物や食品表示も取り上げ、地球にやさしく、身体にもやさしい食を実現するために、子どももおとなも、毎日の食の向こう側を知ることが必要だという考えに基づいて組み立てられている。

また、都内の小中学校における総合的な学習の時間でも食や環境をテーマにした授業を行っている（二〇一七年度は三校において五回一七クラスで実施）。このうち一四年継続している日野市の中学校では三学年にわたって取り組んでおり（卒業前には集大成としてパーティ形式の授業を実施）、八王子市の中学校では特別支援学級で生徒たちの関心や理解度に合わせた内容で授業を進めたりしている。

図4-10　総合的学習の時間における授業風景（説明者は近藤惠津子理事長）

オリジナルプログラムのうち「私の食が世界・地球をつくる」の授業は、身近な食べものの向こう側にあること（自給率、バーチャルウォーター、フード・マイレージ、食べものが食卓に届くまで、価格の成立ち、日本の農業の実態、地産地消の意味、食品ロスなど）について考える内容で、買い物ゲーム、寸劇やロールプレイゲーム、価格調べ、豆腐づくりの実習、「地球にやさしい食大作戦」のグループ討議と発表などを内容とする五日間一〇時間の授業が基本となっている。筆者も一度、東村山市の中学校で行われた授業を見学したが、スタッフの皆さんの献身的な努力と子どもたちの目の輝きが印象的であった。

二〇〇六年一〇月には、CSまちデザインが取り組んでいる小中学校の総合的な学習の時間の食プログラムの内容や進め方をまとめた本が出版された（近藤恵津子著『わたしと地球がつながる食農共育（ともいく）』、コモンズ（現在、改訂版を準備中））。

同書によると、長いあいだ食べものに関する活動を行ってきた近藤さんの根底にあるのは、「生産のあり方に配慮できる消費者＝生活者になろう」という考え方だという。何をどう食べるかという消費者一人ひとりの選択が、生産や流通を決め、世界の食料事情や地球環境にまでつながっていく。生産・流通・消費のそれぞれにかかわる人々がともに学びあい、知恵を出し合わなければ、食をめぐる問題は解決しない。それを、近藤さんは「食農共育（ともいく）」と呼んでいる。

同書の中で近藤さんは、オリジナルな授業「私の食が世界・地球をつくる」を通して二つのことを期待しているという。第一は、子どもやスタッフをはじめとする大人の食に対する考え方が少しでも変わり、「地球にやさしい食大作戦」で考えた「自分たちができること」を実践するようになること。そして第二は、子どもたちの感性を磨くきっかけとなることである。知らなかったことを「知り」「驚き」、次に「考える」「行動する」。そして、感じたことを行動に移し、たくさんの人を巻き込んで成果をつくっていく「楽しさ」を実感してほしいとしている。そして近藤さんは、「これからも、目の前の食べものの向こう側を想像しつつ、大切な地球環境に責任のもてる食のあり方を多くの人に呼びかけていきたい」という。

消費者の側に、このような真しな考え方を持ち実践されている方がいるのは、国内の生産者や事業者にとって誠に心強い。生産者、事業者もともに学び、その信頼と期待に応えていかなければならない。

3 伝統野菜とフード・マイレージ

伝統野菜の復活・普及の取組み

現在、伝統的な野菜などの作物を復活・普及させようという取組みが各地で活発にみられるようになっている。伝統野菜（ここでは、便宜的に穀物、豆類、いも類などを含み、在来作物、固定種などともよばれる）とは、その土地で古くから作られてきたもので、自家採種を繰り返していくなかで、その土地の気候や風土に適合した種として固定化されてきたものであり、地域の食文化とも密接に関連している。

しかしながら、これら伝統野菜は不揃いになりやすく、また、栽培や収穫に手間がかかるなどの理由から、規格化された大量の生産・流通が求められるようになるなかで次第に生産量が減少し、ほとんど栽培されなくなっていた品目も多い。

しかし、近年、各地で地産地消が盛んになることとも相まって、伝統野菜に対する注目が集まっている。たとえば、伝統野菜の代表的な事例である京野菜（京都府）や加賀野菜（金沢市）は、一九八〇年代から行政や生産者団体が中心となってブランド化を図ってきた。これらは、地域の伝統を活かしつつ地元産品の付加価値を高める取組みであり、現在は全国的にも著名となり、観光資源としても大きな役割を果たしている。

また、最近は、伝統野菜などが内包する地域の歴史や風土、食文化などの価値の再評価を重視し、小中学校・農業高校における食育活動や大学でのサークル活動といった教育面、商店街や中心市街地・農山村地域の活性化、都市と農村との交流活動など、幅広い取組みも各地に見られるようになっている。

取組みの主体も多彩になっている。たとえば、東京都品川区の青果店主・大塚好雄さんは、地元町会の会長をしていたこともあり、地元商店会（旧品川宿）の活性化のため、ゆかりのある品川カブ（東京長カブ）のプランターや学校農園での栽培を指導したり、年一回、品川神社の境内で三五校余りの学校も参加する品評会を行ったりしている。

埼玉県小川町下里地区は、かねてより有機農業のメッカとして著名な地だが、隣接するときがわ町の豆腐製造・販売会社が全量買い付けすることを通じて、地域の在来種の大豆（青山在来）の栽培が復活した（企業版のCSA（第3章参照））。有機栽培された青山在来を使った豆腐は独特の風味があり、好評である。

山梨県上野原市の中山間地にある西原（さいはら）地区は、昔からキビ、アワなどの伝統的な雑穀の栽培が盛んだった地だが、過疎化・高齢化に直面していた。そこで、その生産技術を継承しようと都会から移住した若い人たちが地元の人たちと一緒になって、「雑穀の村復活プロジェクト」を立ち上げ、都会の人たちとの交流を通じて雑穀を栽培するイベントを定期的に行っている。

熊本市の北亜続子（きたあつこ）さんは、野菜ソムリエの資格も活かして食育活動に取り組むなか、熊本の伝統野菜の生産者が減少し消滅してしまうのではないかという危惧を抱き、二〇一一年、「ひご野菜コロッケ・ひごのすけ」を起業した。食べやすく馴染みのある総菜に加工し販売することによって、熊本の伝統野菜の販路拡大に貢献している。

これら伝統野菜の復活・普及の取組みは、地産地消の典型であるのみならず、地域の歴史や風土、食文化について再認識しようとする意図とも結びつき、地域のコミュニティを再生していく取組みの一環としても位置づけられるものである。以下では、この伝統野菜の取組みが、輸送に伴う環境負荷低減の面からも有意義であることについて、フード・マイレージ指標を用いて具体的に試算してみよう。

加賀野菜を用いた献立のフード・マイレージ

計測の対象としたのは、金沢市在住の食プランナー・つぐまたかこ氏が監修し、自ら調理した一汁二菜の献立で、「能登豚の野菜巻き」、「源助大根のふろふき」、「しいたけと春菊の味噌汁」および「せりご飯」からなる（図4-11）。

この献立には、石川県金沢市の伝統野菜である加賀野菜が豊富に使用されている。たとえば、小坂蓮根（れんこん）は、金沢市小坂地区を中心に藩政時代から栽培されているもので、粘りが強く加賀料理には欠かせない。金沢春菊は、やはり藩政時代から金沢市三馬地区などで栽培されており、くせのない独特の香りとやわらかさが特徴である。源助大根は、昭和初期に金沢市の篤農家が導入・選抜したもので、煮物用大根の代表的な品種である。

また、能登地方の特産野菜である能登白ねぎは、葉の白い部分を太く長くするため丹念に土寄せを行って栽培されているもので、辛味がなくほのかに甘い。能登豚とは、衛生対策、飼料の改善、共同仕入れに取り組む能登地域の生産者グループによる統一ブランドの豚肉である。なお、畜産物のフード・マイレージの計算については飼料まで遡って計算する場合（例：図4-7）もあるが、ここでは考慮していない。

この献立のフード・マイレージは、食材ごとの使用量に産地からの輸送距離を乗じることにより求められる。

輸送距離の計測は、インクリメントPがインターネット上で提供している地図検索サービス「MapFan Web」を利用した。たとえば、源助大根は、産地である金沢市安原から消費地（金沢市中心部）までの距離は八・六キロメートルで、トラックにより輸送されるものと仮定している（実際には集出荷施設や卸売市場を経由するなど、多様な輸送経路がある）。

この源助大根のフード・マイレージ

ふろふき
（源助大根）
しいたけと春菊の味噌汁
（しいたけ，金沢春菊）
せりご飯
（せり，ごはん）
能登豚の野菜巻き
（豚肉，能登白ねぎ，
蓮根，にんじん）

図4-11　加賀野菜を用いた一汁二菜の献立
料理監修：つぐま　たかこ氏（食プランナー）

表 4-2　加賀野菜などを用いた一汁二菜の献立のフード・マイレージ

主な食材	使用量 (g)	ケース1〔地産地消〕産地	輸送距離 (km)	フード・マイレージ (kg・km)	CO_2排出量 (g)	ケース2〔仮に市場で国産食材を選んで調達した場合〕産地	輸送距離 (km)	フード・マイレージ (kg・km)	CO_2排出量 (g)	ケース3〔仮に市場で輸入品を含めて調達した場合〕産地	輸送距離 (km)	フード・マイレージ (kg・km)	CO_2排出量 (g)
豚肉	200	かほく市	21.6	4.3	0.8	かほく市	21.6	4.3	0.8	アメリカ	19422.4	3884.5	79.5
ねぎ	70	七尾市	70.0	4.9	0.9	埼玉	466.1	32.6	5.9	埼玉	466.1	32.6	5.9
れんこん	30	金沢市小坂	4.8	0.1	0.0	金沢市小坂	4.8	0.1	0.0	金沢市小坂	4.8	0.1	0.0
にんじん	40	小松市	33.1	1.3	0.2	愛知	234.0	9.4	1.7	中国	2877.7	115.1	7.5
大根	400	金沢市安原	8.6	3.4	0.6	徳島	436.9	174.8	31.4	徳島	436.9	174.8	31.4
しいたけ	40	小松市	33.1	1.3	0.2	小松市	33.1	1.3	0.2	中国	2,877.7	115.1	7.5
春菊	30	金沢市三馬	5.7	0.2	0.0	岐阜	210.9	6.3	1.1	岐阜	210.9	6.3	1.1
せり	30	金沢市諸江	5.4	0.2	0.0	金沢市諸江	5.4	0.2	0.0	金沢市諸江	5.4	0.2	0.0
米	100	白山市	11.4	1.1	0.2	白山市	11.4	1.1	0.2	白山市	11.4	1.1	0.2
計	940			16.9	3.0			230.2	41.4			4329.9	133.2
ケース1=1				1.0	1.0			13.6	13.6			255.8	43.8

は、輸送量（〇・四キログラム）×輸送距離（八・六キロメートル）＝三・四キログラム・キロメートルとなる。同様にすべての食材について計算し足し上げたものが、この「ネオ和食」全体のフード・マイレージ（一六・九キログラム・キロメートル）になる（表4-2のケース1）。

さらに、輸送に伴う二酸化炭素排出量は、フード・マイレージに二酸化炭素排出係数（一トンの貨物を一キロメートル輸送した際に排出される二酸化炭素の量）を乗じることにより求めることができる。ここではすべてトラックにより輸送されていると仮定しているため、トラックの二酸化炭素排出係数を乗じて三・〇グラムとなる。

加賀野菜を用いた献立の環境負荷低減効果

次に、輸送に伴う二酸化炭素削減効果を定量的に把握するため、仮に、同じ献立の食材を市場流通に委ねて調達した場合のフード・マイレージおよび二酸化炭素排出量を計測する。

表4-2のケース2は、地元産にこだわらず、市場に委ねて国産食材を選んで調達した場合である。ここでは、二〇〇八年一月において金沢市中央卸売市場に最も入荷量の多かった都道府県産の食材を使用するものと仮定した。金沢市中央卸売市場年報によると、当該月に最も入荷量が多い産地は、ねぎは埼玉、にんじんは愛知、大根は徳島、春菊は岐阜となっている。金沢市においては、冬季の気象条件を反映し、地元産野菜のシェアは必ずしも高くない。したがって、特に地元産にこだわらずに金沢市内のスーパーなどでこれらの野菜を購入すると、他県産である可能性が高いのである。

輸送はトラックにより行われるものと仮定した。このケースでは、食材使用量は変わらないものの、輸送距離は、たとえば大根であればケース1の八・六キロメートルから四三七キロメートルへと大幅に伸びることとなる。

ケース2のフード・マイレージは、ケース1と同様に食材ごとの使用量に輸送距離をかけ合わせ、累積すると二三〇キログラム・キロメートルとなる。また、二酸化炭素排出量は、同様にトラックの二酸化炭素排出係数をかけ合わせて四一グラムと計測される。

これらの数字は、いずれもケース1に比べて約一四倍の水準となっている。言い換えれば、同じ献立でも地元産の食材（地産地消）にこだわることにより、市場に委ねて国内産の食材を使用した場合に比べ、フード・マイレージおよび二酸化炭素排出量ともに約一四分の一に縮小されることとなる。これが、地産地消により輸送に伴う環境負荷が低減される効果である。

さらに、市場で輸入食材を含めて調達した場合（表4-2のケース3）はどうであろうか。ここでは、全国平均でおおむねカロリーベース自給率七〇％以下の食材については、最も輸入量の多い国からの輸入食材を使用するものと仮定し、たとえば豚肉についてはアメリカから、にんじん、しいたけについては中国からの輸入食材を使用するものと仮定した。

さて、輸入食材の産地、輸送経路、輸送手段、輸送距離は極めて多様であり、それを特定することは事実上不可能である。このため、ここでは以下のような仮定の下で計算することとした。たとえばアメリカ産食材の場合、まずアメリカ国内の輸送は、産地（首都で代替）から輸出港であるニューオーリンズまで、トラックと内航海運半々で輸送されるものと仮定し、輸送距離は直線距離と仮定した（一五五九キロメートル）。輸出港から大阪港まではコンテナ船で輸送（一七五四四キロメートル）され、その後、大阪港から金沢市まではトラック輸送（三一九キロメートル）されるものとした。その結果、輸送距離は合計で一九四二二キロメートルとなる。

これらの距離にケース1、2と同じ食材使用量を乗じて累積したフード・マイレージは四三三〇キログラム・キロメートル、二酸化炭素排出量は一三三グラムと計測された。

ケース1に比べると、フード・マイレージは約二五六倍、二酸化炭素排出量は約四四倍の水準となっている。フード・マイレージに比べて二酸化炭素排出量の倍率が小さいのは、最も長い距離に当たる海上輸送の部分が、排出係数が小さな船舶によるものと仮定しているためである。

江戸東京野菜コンシェルジュ協会の取組み

東京都の食料自給率はカロリーベースで一％、金額ベースで三％と都道府県の中で最も低く、農業との縁が薄いとイメージされるが、近隣に多数の消費者がいるという利点を活かし、野菜の直売をはじめとする特色のある都市農業が展開されている。

さらに、近世の三〇〇年にわたって日本の中心であったという他地域にはない特徴がある。徳川幕府による参勤交代という政策は、中央（江戸）と地方（諸大名の国元）との間で定期的な交流を制度化し、さまざまな物資の全国的な単位での交易を推進した。

その重要な物資の一つが野菜など作物の種子であった。江戸には全国各地の特色ある品種の種子が集積し、栽培・品種改良された。街道沿いには種子業者が軒を連ね、国許に帰る大名行列は種を土産に持ち帰り、それがさらに各地で栽培・品種改良され、現在の多彩な伝統野菜につながっている。たとえば、先に紹介した金沢の源助ダイコンは、在来種が練馬ダイコンと交配・選抜されたものであり、三浦ダイコン（神奈川）、前坂ダイコン（長野）、山川ダイコン（鹿児島）なども練馬系である。その練馬ダイコンは、五代将軍・綱吉が練馬に療養中、尾張（愛知県）から種を取り寄せたのが由来ともされている。

その後、都市化の進展に伴い、江戸・東京の伝統野菜の多くが姿を消していくなか、ＪＡ東京中央会は、二〇一一年、「江戸東京野菜」の認定制度を発足させた。江戸東京野菜とは、「江戸期から始まる東京の野菜文化を継承するとともに、種苗の大半が自給または、近隣の種苗商により確保されていた昭和中期（昭和四〇年頃）までのいわゆる在来種、または在来の栽培法などに由来する野菜」のことであり、二〇一七年一二月現在、四八品目が登録されている（他に麦や果実など六品目を参考登録）（図4-12）。

その江戸東京野菜の普及と、それにかかわる人材育成に取り組んでいるのがＮＰＯ法人江戸東京野菜コンシェルジュ協会（東京・小金井市）である。協会では、年間を通じてさまざまな講演会、現地検討会、食事会などを開催しているほか、毎年、江戸東京野菜コンシェルジュを育成・認定するための資格講座（総合コース）を開催しており、筆者もその講座の一部について協力している。

図4-12　江戸東京野菜コンシェルジュ育成講座（総合コース）の募集パンフレットから

二〇一七年一〇～一一月にかけての三日間、第七期「江戸東京野菜コンシェルジュ育成講座・総合コース」が実施された。これは二〇一一年から開講しているもので、学識経験者、生産者、飲食店主、野菜ソムリエなどさまざまな分野の専門家を講師に迎え、江戸東京野菜の由来

ケーススタディ：大根のフード・マイレージ等

	輸送距離	フード・マイレージ	CO_2 排出量
［ケース 1］小金井市産	3.0 km	12 kg・km	2 g
［ケース 2］三浦市産	76.4 km	306 kg・km	55 g
［ケース 3］中国産	2778.2 km	11113 kg・km	760 g
（倍率：小金井市産＝1）			
［ケース 1］小金井市産	1.0（倍）	1.0（倍）	1.0（倍）
［ケース 2］三浦市産	25.5（倍）	25.5（倍）	25.5（倍）
［ケース 3］中国産	926.1（倍）	926.1（倍）	351.8（倍）

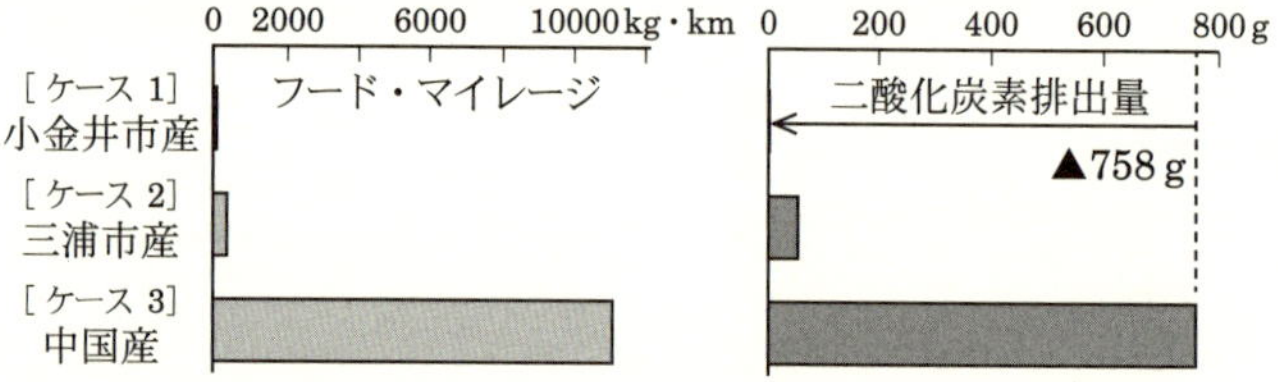

地元の食材を使うことで二酸化炭素排出量を　約 750 g 削減

cf.（1 世帯 1 日当り）冷房の温度を 1 ℃高く：▲90 g　テレビを 1 時間短く：▲38 g

図 4-13　江戸東京野菜コンシェルジュ育成講座（総合コース）における筆者説明資料の一部（2017 年 11 月）

や歴史（物語）、栽培方法の特色、食材としての特徴と調理方法（美味しい食べ方）、食文化などを学び、その知識をもとに食育活動や東京の農業振興に貢献する人材を育成することをねらいとしている。

筆者もこのなかでフード・マイレージに関わる講座を担当しており、伝統野菜の復活・普及の取組みは地産地消の典型であり、輸送に伴う環境負荷低減にも資するものであるといったことを、次のような具体的な試算事例とともに説明している（図4-13）。

何度か講座の会場となった小金井市商工会館において料理教室を開催することと仮定し、その食材であるダイコン（使用量：四キログラム）について三種類の産地のものを使うことを仮定した。ケース1は地元（小金井市）産であり、これと比較対照するためのケース2は関東地方における大産地である神奈川・三浦市産、ケース3は中国産とした。

小金井市産のダイコンを用いた場合（輸送距離は三・〇キロメートル）のフード・マイレージは一二キログラム・キロメートルとなり、これにトラックの二酸化炭素排出係数を乗じた二酸化炭素排出量は二グラムとなる。これに対して三浦市産のダイコンを用いた場合（輸送距離は三〇六キロメートル）にはそれぞれ三〇六キログラム・キロメートル、五五グラムとなり、中国産の場合（輸送距離は二七七八キロメートル）は一万一一一三キログラム・キロメートル、七六〇グラムと試算される。つまり、地元の小金井市産のダイコンを用いた場合には、三浦市産に比べてフード・マイレージ、二酸化炭素排出量ともに二六分の一、中国産を用いた場合に比べればフード・マイレージは九二六分の一、二酸化炭素排出量は三五二分の一に削減されていることが分かる。ここで中国産の場合、フード・マイレージに比べて二酸化炭素排出量の方が削減される割合が小さいのは、中国産ダイコンは輸送経路のかなりの部分を、二酸化炭素排出係数がトラックよりも小さい船舶によって海上輸送されると仮定しているためである。

このように、地元産のダイコンを使用した場合には、輸入ダイコンを使用した場合に比べて

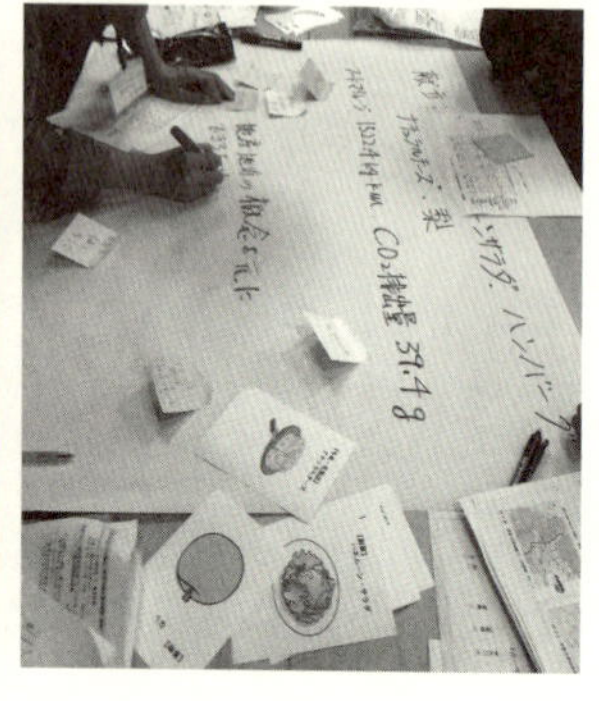

図 4-14　江戸東京野菜コンシェルジュ育成講座（総合コース）の様子（フード・マイレージ　グループワークショップ，2017 年 11 月 11 日）

七五八グラムの二酸化炭素が削減されたと試算される。つまり、地元の食材を使用することは、一年を通じて冷暖房の温度を一℃調節した場合（一日一世帯当たり九〇グラムの二酸化炭素を削減）、テレビを見る時間を一時間減らした場合（同三八グラム）と比べても、相当の二酸化炭素削減効果があることを理解してもらえる（出典は環境省パンフレット「身近な地球温暖化対策」）。

さらに、この講座ではグループ・ワークショップも実施している。これは、五〜六名ずつのグループ毎に相談しながら食材カードを用いて「今日の晩ごはん」の献立を作り、カードの裏に記された重量、輸送距離からフード・マイレージおよび二酸化炭素排出量を計算するというもの。食材の選択がどの程度の環境負荷削減効果があるかを体感してもらうことをねらいとしている。さらに、「より望ましい食のあり方」についてグループで議論し、その内容を発表してもらう。そこでは環境問題とのかかわりにとどまらず、食材の選択や日々の食生活のあり方についてのさまざまな意見が出され、著者にとっても大いに参考となっている。フード・マイレージを自ら（まわりの人と相談しながら）計算することで、理解が進むとともに、食のあり方についての考えるきっかけとなるのだ（図4-14）。

江戸東京野菜コンシェルジュ協会の大竹道茂会長（江戸東京・伝統野菜研究会代表）は、「今日まで命を育み、命をつないできた伝統野菜は、その産地の人や風土、食文化を育ててきました。生産効率もそろいも悪く、旬の時期も限られていますが、今の野菜にはない強い香りや多様な味が備わり、日本人の繊細な味覚も育んできました。フード・マイレージの考え方も活用しながら、さらに江戸東京野菜を広めていきたい」と語っている。

chapter 5

フード・マイレージから「食」を考える

1 フード・マイレージから見えてきた私たちの「食」

これまで述べてきたように、フード・マイレージを通して見えてきた現在の私たちの食の姿は、相当に特異でグロテスクなものであった。近年、前章で紹介したような地産地消や食育の取組みが盛んとなっているとはいえ、全体として見た私たちの食生活は、長距離輸送を経た大量の輸入食料に大きく依存しているという基本的な構造は変わっていない。

そして、このような私たちの食の姿は、第1章（chapter 1）で見たように、経済が高度成長し所得水準が向上するなかで、私たちの食生活パターンが大きく変化したことによるものであった。つまり、誰に強制されたわけでもなく、私たち自身が主体的に、何をどのように食べるかを自ら選択してきた結果が、現在の姿をつくり上げているのである。

そして、このような食の姿を選択してきたことは、経済効率性の観点からすれば、個人レベルでも国の政策のレベルでも、合理的な選択であった。ところが現在、地球環境問題という、かつて人類が直面したことがないような問題の存在が明らかとなり、これへの対応が迫られている。私たち一人ひとりも、自分の食のあり様を、できるところから少しずつでも見直していくことが求められているのだ。だから、なるべく近くでとれたものを食べましょう、地産地消に心がけましょうというのが、本書の結論である。

しかし、その簡単で単純な結論に到達する前に、今一度、なぜ食のことを考えたいかを整理しておきたい。合わせて、フード・マイレージ指標の問題点や限界も明らかにしておこう。

2 食を考える視点

フード・マイレージの限界の一つは、食料に限定した指標であるということである。

輸送に伴う地球環境への負荷を減らそうとしても、もとより、日本が大量に輸入している物資は食料だけではない。原油、鉄鉱石、石炭といった鉱物資源や木材などの資源、工業製品などを大量に輸入することによって、現在の私たちの豊かな生活と社会は支えられている。食料を含む貨物全体の日本の輸入量は、実に八億トンに及ぶ。日本の食料輸入量は第3章（chapter 3）で述べたように約五四〇〇万トンであるから、総輸入量に占める食料のウェイトはわずか五％程度にすぎない（二〇一六年）。つまり、輸入品の輸送に伴う環境負荷の問題については、食料はむしろマイナーな部門なのだ。

ということは、輸入品の輸送に伴う地球環境への負荷という観点からは、フード・マイレージという食料に限定した指標ではまったく不十分ということになる。したがって、物資すべてを対象とした指標、たとえば「グッズ・マイレージ」ともよぶべき指標を開発し、これを諸外国の数値と比較するといった作業を通じて、これからの私たちのライフスタイルのあり様を検討していくことが必要と考えられる。

しかし、このような事情を踏まえても、やはりとりわけ食料に着目し、食のあり様を考えていくことは、重要な意義を持つと筆者は考えている。その理由は以下のようなものだ。

食料は他の商品とは違う

食料も市場経済の中で取り引きされるのであるから、当然ながら商品の一つであることには間違いない。しかし、その性質は工業製品とは大きく異なっている。

まず、生産条件が違う。食料の生産は自然条件に左右されやすい。温度や湿度、土壌条件などは作物の生育に大きな影響を及ぼすし、台風や日照不足など天災による被害をこうむることも多い。また、季節性にも拘束される。米は基本的に一年に一作しかできないし、野菜や果物には「旬」がある。このため、カイワレ大根のような工場生産が可能な一部の品目を除けば、生産量や品質を完全にコントロールすることは不可能である。

商品そのものの性質も違う。食料は一般に腐敗しやすく、在庫による需給調整にも限界がある。もし野菜が工業製品のように生産をコントロールでき、在庫調整も可能であるなら、毎年のように実施される産地廃棄のニュース映像を見た消費者が「もったいない」と感じることもなくなるであろう。

また、食料の品質は非常に多くの要素から構成されている。外見で判断できる大きさや形、色などだけではなく、味や香り、栄養成分なども重要な要素である。そして、安全性という要素が、食料の品質を決定的に左右するという特殊性がある。

安全性が特別に重要視されるのは、いうまでもなく、直接人間の口に入るためだ。このため、安全でなかった場合に現れる被害は、急性の食中毒などだけではなく、慢性的な健康被害や、さらには次世代にまで影響を与えるような危険性さえ存在する。そして、食料はそれ自体、多くのリスク要因をかかえている。生産段階で病気や害虫が発生することもあれば、加工や流通過程で腐敗や異物混入といった事故が起きる可能性もある。生産から消費までの間の輸送距離が長くなり、多段階で複雑になればなるほど、そのすべての過程で生じる恐れのある危害要因を排除することは困難になる。

それでいて、食料は人体の生命・健康を維持するために不可欠なものであるから、毎日、継続的に摂取する必要がある。不安があるからといって消費しないですませるわけにはいかず、このため、いったん不安を感じた消費者は、なかなかそれを払拭することができない。図1-7で見たように、食に対する不安感が大きいと感じている消費者が多いのは、このような事情による。

このような食料の性質を見ると、やはりとりわけ食料については、輸送距離は短ければ短いほど望ましい。原油や鉄鉱石は長距離輸送しても腐ることはなく、口にするわけではないので安全性とも関連はないのだから、グッズ・マイレージはともかくフード・マイレージはなるべく小さい方が望ましいのである。

ところで、日本のフード・マイレージの大きさを削減することのみを目的とするのであれば、簡単な処方箋がある。第3章で見たとおり、日本のフード・マイレージの六割近くは飼料用を主とする穀物であるが、これは、現在の日本の畜産が、トウモロコシなどの輸入飼料に大きく依存しているためである。ということは、フード・マイレージを削減するためには、国内畜産を縮小し飼料穀物の輸入を減少させればいいことになる。その一方で畜産物の輸入が増加することとなるが、牛肉一キログラムの生産のためには一一キログラムのトウモロコシが必要であることなどを考慮すれば、フード・マイレージは大幅に削減されることとなる。こうすれば、輸出国から見れば、より付加価値の高い食肉などを輸出することができるので、歓迎されるかもしれない。同様に、大豆やなたねよりも食用油で輸出した方が輸出国にとって付加価値は高くなる。

しかし、これには次のような問題がある。最終的に口に入る食品については、安全性確保のために管理下に置くべき輸送距離はなるべく短く、かつ輸送経路は単純であるにこしたことはない。また、安全性の程度と輸送距離それ自体との間には直接的な相関関係はないとはいえ、消費者の「安心」確保の観点からは、実際に消費者の多くが図1-9で見たように、「食と農との間の距離」の大きさに対して不安感を有している現状からは、最終的な食料については、なるべく消費者の近くで生産された方が望ましいのだ。

また、飼料穀物輸入を畜産物輸入に代替させた場合は、後者は生鮮食品であるため輸送に際して冷蔵・冷凍などのエネルギーが余計にかかり、その分環境負荷も大きくなるという問題がある。一方、日本国内における糞尿処理や悪臭・騒音などの環境負荷は軽減されるという面もある。いずれにしても165ページで見たように、なるべく国内の草資源などのバイオマスを利活用した畜産の形態にシフトしていくことが望ましいことはいうまでもない。

食料は国内での増産が可能である

とりわけ食について考えたい二番目の理由は、食料は、鉱物資源とは異なり、国内で生産あるいは増産することが不可能ではないことである。原油や鉄鉱石は、いくらコストをかけても国内で自給することは不可能であり、これら鉱物資源を海外に依存することは避けようがない。

食料はどうであろうか。穀物にせよ野菜にせよ畜産物にせよ、たしかに国内で完全自給することは現実的ではない。たとえば、第2章（chapter 2）で述べたように、日本が輸入している主な農産物の生産に必要とされている海外の作付面積（一〇八〇万ヘクタール）は、日本の農地の二・四倍に相当するのである。

しかし、その一方で、国内にある資源が十分活用されているとは言い難い。日本は国土が狭く農地が少ないといわれるが、第1章で見たように国内の農地利用の現状は、不作付地や荒廃農地が増加するとともに耕地利用率が低下するなど、その利用は粗放化しつつある。

ところで日本は、本当に食料生産に不利な国土条件下に置かれているのであろうか。そもそも日本は、石油や鉄鉱石といった鉱物資源には恵まれていないものの、地理的にはアジア・モンスーン地帯に属し、他の先進諸国と比べて気候は温暖で、かつ、降水量も豊富である。また、国土は南北に長く、亜熱帯から亜寒帯までを含んでおり、多彩な農業が営まれている。このような気温、降水量あるいは国土の南北の長さといった気候的地理的条件は、農地面積と並び、農業生産力を基本的に左右する重要な資源である。これらを、ここでは仮に「風土資源」とよぶこととしよう。風土とは、その土地の気候・地味・地勢などのありさまのことを広く指すが、ここではそれを仮に平均気温、年間降水量および国土の南北の長さという三要素で代表させてみる。その場合、日本の風土資源は、他の先進諸国と比べてどのような状況であろうか。

これらを模式図的に示したものが次ページのイラストである。それぞれの長方形の縦軸の長さは国土の最北端から最南端までの緯度差、横軸は右側が首都の年平均気温、左側が首都の年間降水量を示している。この図から読み取れるのは、資源に恵まれていないという一般に考えられている常識とは、相当に異なる日本の姿である。つまり風土資源という観点から見ると、四方を海に囲まれ豊富な漁場に恵まれているということを含めて、日本は世界に冠たる資源大国といえるのだ。

このような温暖・多雨な気候条件のもと、日本には自然の恵みによりもたらされる動植物資源（バイオマス資源）が豊富に存在している。バイオマスとは、生物資源（bio）の量（mass）を表す概念で、再生可能な、生物由来の有機性資源である。

しかし、国内で発生している家畜排せつ物、稲わら、木材の残材などのバイオマス資源は十

各国の「風土資源」の比較

日本は豊富な「風土資源」に恵まれている。年平均気温と年間降水量を横軸に、国土の南北差を縦軸にグラフを書いてみると、日本の風土資源の大きさは韓国や西欧各国を凌駕し、アメリカと比べても遜色はない。このような恵まれた風土資源を活かすことができれば、いま以上に多彩な農業を実現できる可能性がある。

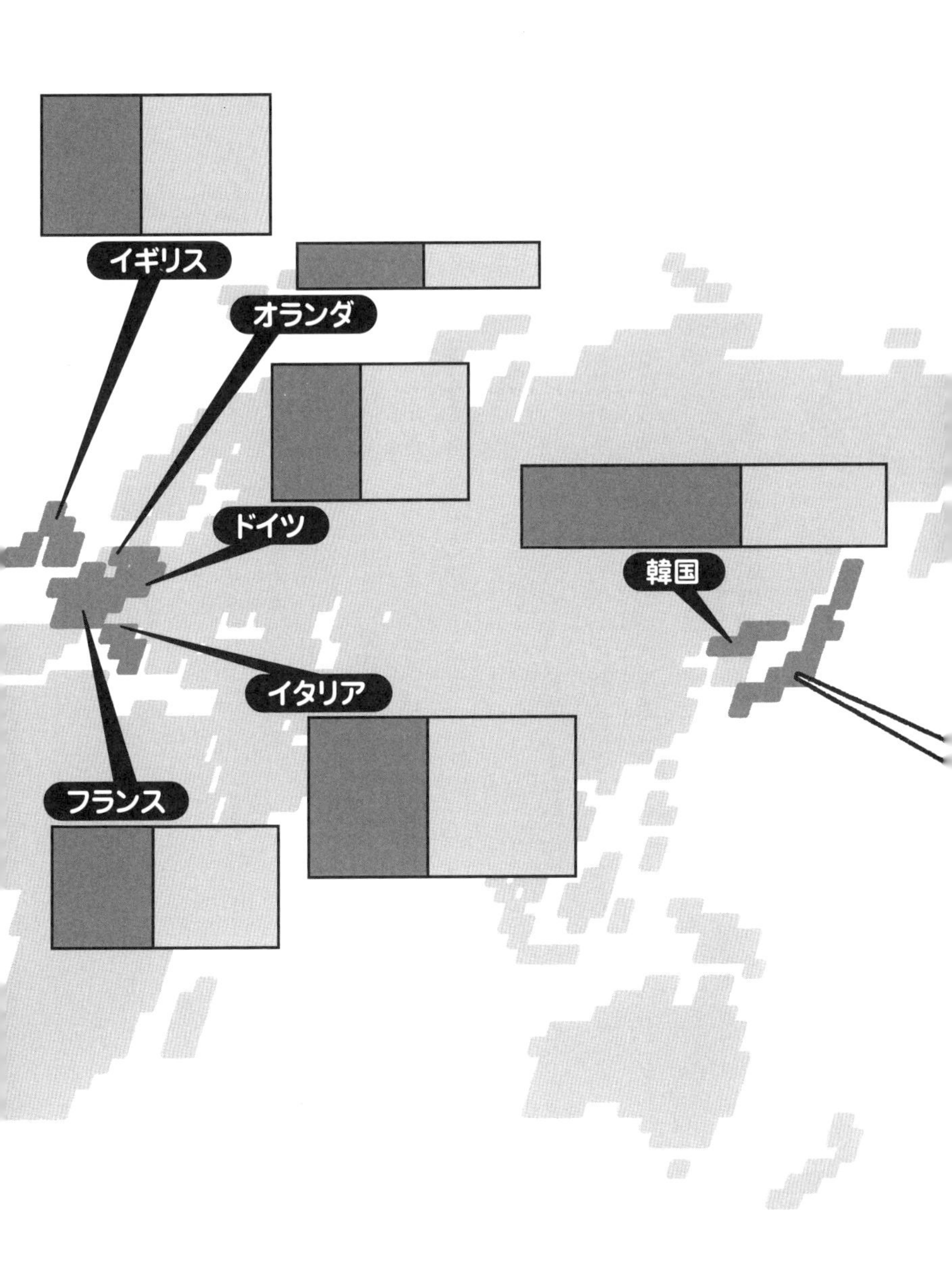

出典:『理科年表』
注1:縦軸は国土(離島、海外植民地等を除く)の最北端と最南端の緯度差を示している。
注2:横軸の右は首都の年平均気温、同左は首都の年間降水量を表している。

分利活用されているとは言い難い。たとえば、稲わら、もみ殻といった農作物の非食用部分は年間約四五〇万トン発生しているが、これらのうち、たい肥、飼料、畜舎敷料などに利用されているのは全体の三〇%ほどにすぎない。

また、地球環境問題とのかかわりのなかで注目すべきバイオマスの特性として、それを燃焼する際に放出される二酸化炭素は、植物の生長過程で光合成により大気中から吸収した二酸化炭素であることから、大気中の二酸化炭素を増加させないという性質を有している（カーボン・ニュートラル）。このようなことから、なたねなどを原料としたエタノールなどをガソリンに混ぜて使用するバイオ燃料が、現在、世界的にも注目されており、国際穀物市場における新たなひっ迫要因となっている。

以上のように、利用率が低下している農地を有効利用するとともに、恵まれた風土資源のもとで生産されるバイオマスを効率的に利活用することによって、食料や飼料の国内生産を拡大させることは物理的・技術的に十分に可能なのである。

農業には多くの役割がある

取り立てて食を考えたい第三の理由は、食料を生産する農業には、産業としての側面だけではなく、国土保全や景観形成といったさまざまな多面的な機能を有していることである。これらのさまざまな機能は市場で評価されることはないため、取り引きされる食料の価格に織り込まれることはない。

ある山間地域の水田を例に考えてみよう。農家は、先祖から受け継いだ水田を守り米を生産するために稲作を行っている。水田には水を貯めるための畦畔(あぜ)があるため、集中豪雨があっても水を一時的に貯留し、下流部への水の流下はゆるやかになる。下流部にある都市の住民は、このような水田の洪水防止機能の恩恵を受けているのだが、その対価を直接的に支払っているわけではない。あるいは、田植えされた苗が風にそよいでいるところに偶然、旅行者が通りがかり、あまりの美しさに思わずカメラに収める。しかし、この旅行者はこの景観を守るための費用は負担していない。

この農家は、洪水防止や景観づくりを目的として稲を作付けているわけではない。財産を守り米をつくるため水田を維持管理しているのである。それでは、この農家が米づくりをやめたらどうなるであろうか。荒廃農地となれば畦畔も管理されなくなり、洪水防止機能や景観形成機能は失われることになる。むろん、この農家が稲作をやめても、ダムを建設したり公園として整備すれば、洪水防止や景観形成の目的は達成できるかもしれない。しかし、この場合には、稲作を継続することのコスト(たとえば、消費者が国際価格より高い国内産米を買うコスト)

と、新たにダムなどを建設する場合のコストとを比較する必要がある。

また、水田などの農地には水源（地下水）を守り保全する機能もある。いったん、水田や畑に貯留された水は、時間をかけて地下に浸透していく。これによって地下水が保全され、下流域において再び農業用水や工業用水、都市用水に利用されているのである。

このことに関連し、筆者の個人的な経験を述べたい。二〇〇五年四月に熊本に赴任、市中心部近くの水前寺公園や江津湖を訪れたとき、その豊かで清澄な水の流れに感銘を受けた。熊本市とその周辺地域は約一〇〇万人の人口を擁しているが、その上水道の水源はほぼ一〇〇％を地下水に依存している。これだけの人口の水道を、すべて地下水に頼っている地域は他にはない。阿蘇から熊本市にかけての土壌は火山噴出物に覆われており、浸透性が高く、降った雨の多くは地表を流れずに豊かな地下水となって下流の熊本市域で湧き出しているのである。

ところが地下水位は、長期的には低下傾向で推移し、湧水量も減ってきた。この地下水減少の原因は中流域での水田面積の減少によるものとされている。いわゆる減反（生産調整）や宅地化の進行により、阿蘇から熊本市にかけての水田面積が大きく減少したため、水田の有する地下水保全機能が地域全体として大きく低下したのだ。水田面積の減少の理由は、食生活の変化つまり米消費の減少であり、それは熊本地域の地下水の減少にも影響している。なお、地下水位の低下に危機感を抱いた熊本市は、二〇〇四年度から中流域の転作田に水を張ることにより地下水を保全する事業を実施しており、二〇一五年の水張り水田はのべ四〇〇ヘクタールとなっている。これらの努力の結果、長年続いた地下水位の低下傾向は緩やかとなり、一部では回復の兆しも見られる。

なお、二〇一六年は熊本地震により水路などが被災したため実施面積は大幅に減少したが、二〇一七年も継続されている。

これら多面的機能は、いったん失われればもとにもどすことは極めて困難である。都市近郊などでは多くの農地が宅地に転用され、住宅や工場が建設されたが、現に住宅などが建っているこれらの土地を、もとの水田にもどすことはほとんど不可能であるか、あるいは膨大なコストを要することになることは明らかであろう。

なお、これら農業の有する多面的機能を、貨幣価値に換算しようとする試みもある。日本学術会議の試算（二〇〇一年）によると、洪水防止機能が約三兆五〇〇〇億円、河川流域安定機能が約一兆五〇〇〇億円などとされている。これらはダムの建設単価などを用いて評価したものであるが、たとえば、農業や農地が有する生態系を維持する機能、伝統芸能や社会文化をつくり上げ伝承してきたという機能は、そもそも貨幣に換算することは不可能である。世の中には、カネには換算できない大事な価値があるのである。

先に述べたとおり、日本は豊かな気候資源（温暖で豊富な降水量など）に恵まれている一方、毎年のように台風などの自然災害に見舞われてきた。このような豊かでかつ厳しい自然条件のもと、歴史的に水田稲作を中心とする農業が発達してきた。水田稲作には水路の共同管理などが必要となるため、自然に地域共同社会が形成されるようになった。これらは、独特の地域規範を形成すると同時に、多くの文化や芸能を生み出し、現在の日本人の国民性や心象までも形成してきた。

たしかに米の関税を下げれば、今より私たちは安く米を食べられるようになり、家計は助かるかもしれない。しかし現在、家計費に占める米の支出額はせいぜい〇・七％程度にすぎない。そのわずかの家計費を浮かせる代償に、稲穂がそよぐ景観や伝統文化をなくしてもいいのだろうか。私たちは、どのような選択をするのだろうか。

関連して、少しばかり経済学の話を紹介しよう。一九世紀のイギリスの経済学者マーシャル以来、経済学には「外部経済」という概念がある。先に述べた水田がもつ洪水防止機能などの農業の多面的機能は、対価が払われることなく他人にプラスの効果を与えるという意味で、外部経済を有しているという。一方、騒音や大気汚染などの公害は、逆にコストを負担することなく他人にマイナスの影響を与えることから、外部不経済の例である。そして、外部（不）経済が存在する場合には、市場メカニズムだけでは資源の最適配分は達成されないということ（市場の失敗）は、広く経済学の常識として認められているところであり、初歩的な教科書にも一定の分量が割かれ記述されている。

国内農業の有する多面的機能は外部経済の一つの例である。そして、長距離輸送を経た大量の食料輸入に伴う二酸化炭素の排出、つまり地球環境問題は、外部不経済の最たるものであろう。何しろ、人類の生存さえが脅かされているのだから。私たちは、このような事情を考慮に入れたうえでの判断と行動が不可欠なのだ。

私たち自身の「食」

さて、とりわけ食を考えたい最後の理由、実はこれが最も重要だが、何をどう食べるかは、かなりの部分、自らの判断で選択することが可能なことである。

たとえば、現在の日本では、電気をまったく使わないライフスタイルはまず考えられない。二〇一六年四月以降は電気の小売業への参入が全面自由化され、すべての消費者は電力会社や料金メニューを自由に選択できるようになっているが、その電力が水力発電されたものか、火力発電されたものか、原子力発電されたものかを選択することは完全にはできない。仮に原子力発電に反対だからといって原子力発電された電気を完全に拒否することはできないし、多くの温暖化ガスを排出するからといって火力発電された電気を買わないという選択も基本的にはできないのだ。

しかし、食はどうであろうか。第1章で紹介した食育基本法がすんなりと成立しなかったのも、食という極めて個人的な領域に国家が立ち入るべきではない、という根強い意見があったためである。言い換えれば、食という行為は、個人の選択の余地、可能性が極めて大きい分野なのである。今日、何を食べるかを決めるのは、基本的に一人ひとりの個人(あるいは家族)である。自宅で料理するか、外食にするか、それとも弁当を買って帰るか。スーパーで買い物をする際に、値段、品質あるいは産地のどれを優先して買うか。すべて、自分自身の選択にかかっているといっていい。

それでは、どのような食品を選べばいいのか。ここまで本書を読み進んだ読者は、健康のためにも食料自給率向上のためにも、さらには地球環境への負荷の低減のためにも、なるべくなら国産の、しかもなるべく近くでとれた旬の食品を選んでほしいという、筆者の考えを理解してもらえると思う。

しかし、消費者一人ひとりに適切に食を選択してもらうためには、大きな前提がある。たとえば、食品の表示である。原産地表示については、生鮮食品についてはすべての品目でJAS法により義務づけられているし、加工食品についてもすべての品目について重量割合1位の原産地等を義務表示の対象とする方向となっている。外食についても、ガイドラインに基づく事業者の自主的取組みが進みつつある。ところが、ここで一部の事業者が目先の利益に目がくらんで偽装を行ったらどうなるであろうか。あるいは生産段階において、無登録農薬や無認可ワクチンが使われたことが発覚すれば、消費者はどう思うであろうか。このようなことは、食全体に対する消費者の信頼を裏切ることとなることは明白である。

消費者の多くは、国産の食料は総じて輸入品より安心で信頼できるという意識を持っている。輸入食品のうち残留農薬基準値を超える量の農薬が検出されたものの割合は、近年、○・○○一%程度で安定して推移しているが、輸出国における生産や流通の現場の姿が目に見えにくいのであるから、目のあたりにできる（距離感の近い）地場や国産の農産物の方が安心感が高いというのは理解できる。

しかし、国産農産物に対する消費者の信頼感は、適切に表示がなされていること、農薬でも動物用医薬品でも、法律や制度で定められたルールに則り適切に使用されていることを、大前提にしているのだ。過度の国産志向が偽装表示の背景の一つとなったという弊害はあるにせよ、国内の生産者や事業者は、さらには食に関わる行政機関も、消費者の信頼に応えていくため、安全で、環境にも負荷の小さな農業生産のあり方を追及していく必要がある。消費者の信頼を裏切る行為は、国内農業や食品産業の存亡にかかわるということを肝に銘じなければならない。国内農産物は、残念ながら生産コストで輸入品に太刀打ちすることは、まず不可能である。消費者の信頼が失われたときには、国内農業の存在意義はもはやないといっても過言ではない。

閑話休題。生産コストの関連で、話は横道にそれる。ある国のある産業の国際競争力を規定するものは何か。それは、経済学の入門書の最初の方に書いてあるとおり、「比較生産費」という概念である。その国において、比較的低コストで生産できる（比較優位にある）産業の産品を輸出し、高コストの産業の生産物は輸入した方が、その国の経済厚生（利潤）は最大化するというのが自由貿易の論理である。だから日本は自動車を輸出して食料を輸入した方がいい、ということになる。

ところが、これも忘れられているのか、比較生産費の「比較」とは、日本の農業とアメリカの農業との比較ではなく、日本の自動車産業と日本の農業との間の生産費の比較のことである。ある国において、すべての産業が比較優位を持ち輸出産業になるというのは論理矛盾である。逆にいえば、仮に何らかの理由で日本の自動車産業の生産性が大幅に低下した場合、自動車が輸入産業となり農業が輸出産業になることも、理屈のうえでは考えられる。

したがって、やや開き直っていえば、国内農産物の価格が国際価格に比べて高くなるのは、現在のように日本の工業製品が世界に受け入れられ続ける限り（これも楽観はできないものの）、やむを得ないことなのだ。そもそも国内価格と国際価格は、為替レートで換算することで比較可能となるが、その為替レートは、最も国際競争力のある分野、たとえば、自動車の生産性に左右される。

消費者に国際価格よりも割高な国内農産物を買ってもらうためには、消費者の理解が得られるように国内農業の改革を続けていくことも不可欠であり、生産性を向上させ、財政負担を軽減していくための不断の努力が求められる。現在、国の農業経営に対する支援策は、担い手に限定した方向に大きく転換しつつあり、同時に農地や水、環境保全を目的とする地域振興政策を実施することとなった。これは小規模農家のみならず、地域のさまざまな住民まで含んだコミュニティの活動を支援するものである。

これらの取組みがなされることを前提に、消費者の選択が求められるのである。

もっともすべてを地元産で、地産地消でというのは、実現可能性は極めて低いだろう。特に東京や大阪などの大都市圏では、食料の都道府県内自給率は一～二％にすぎず、およそ自給は不可能である。それでも大都市圏にも、どっこい農業は残っている。筆者の自宅がある東京都下のH市でも果樹や野菜の担い手農家が頑張っているし、多くの無人の直売スタンドやJAの直売所もある。体験農園に取り組んでいる農家もある。江戸東京野菜の取組みが盛んになっていることは、４章（chapter 4）で紹介したとおりである。

第1章でも紹介したように、かつては消費者を「穀つぶし」よばわりしていた農民作家の山下惣一さんは、地元に開設した直売所の盛況を目のあたりにし、最近は消費者に対する見方が変わったようである。山下さんは、日本の農業には圧倒的に有利な条件が一つだけあるという。「それは生産者のすぐそばにたくさんの消費者がいること。生産者と消費者の距離が近い。こんな国は世界中にない」とし、「この有利な条件を活かし、地元の農産物を地元で消費する『地産地消』を基本にすれば、これほど強い農業はない」というのである（『農からみた日本――ある農民作家の遺書』、清流出版）。

なお、日本はエネルギー自給率が低いのであるから、食料だけ自給しようとしても無意味であるといった議論がある。仮に石油や天然ガスの輸入が途絶すれば、化学肥料や農薬、農業機械は利用できなくなり、電気炊飯器も使えなくなる、というのだ。しかし、いざとなれば堆肥を利用し、手で虫を取ったり田植えをしたりと労働力を投入し、あるいは電気炊飯器が使えなくても、生米をかじってでも生き延びようとするであろう。しかしそのとき、農地や種子、あるいは農業技術といった資源が失われてしまっていては、どうしようもなくなる。石油や天然ガスと食べ物とは、当然のことながら、別物なのである。

さて、ここで白状しなければならない。なるべく近くでとれた旬の食品を選ぶことが望ましいといいながら、筆者自身も、買い物の際につねに地元産、国産ばかりを選んでいるわけではない。やはり、価格は食品選択の重要な要素で、ガツンとすき焼きでも食べたいときなど、輸入牛肉に手が出ることもある（安くて量が多いのだから。お陰でＢＭＩは減らない）。野菜などは、特売のものは地元産の旬のものが多く、これはありがたい。同じような野菜が安くても輸入品と書いてあると、はるばると海外から遠いところをご苦労様とは思うが手は出ない。少しは意識している。

そうなのだ。ほんの少しだけ意識すればいい。そう意識した結果、ほんの少しずつ具体的な買い物の行動が変わればいい。気づいた人から、なるべく地元のものを、無理ならせめて国産のものをと、買い物という具体的な行動がわずかでも変わっていけば、そしてそのような人が少しずつ増えていけば、確実に社会は変わるであろう。

そして、その「気づき」のきっかけとして、フード・マイレージという指標ないし考え方は、わかりやすいツールになり得るのである。

3 求められる食育とは

フード・マイレージという指標ないし考え方の有効性を示す一つのアンケート調査結果を紹介しておく。地域における食育活動を担っているのが、「食育推進ボランティア」とよばれる

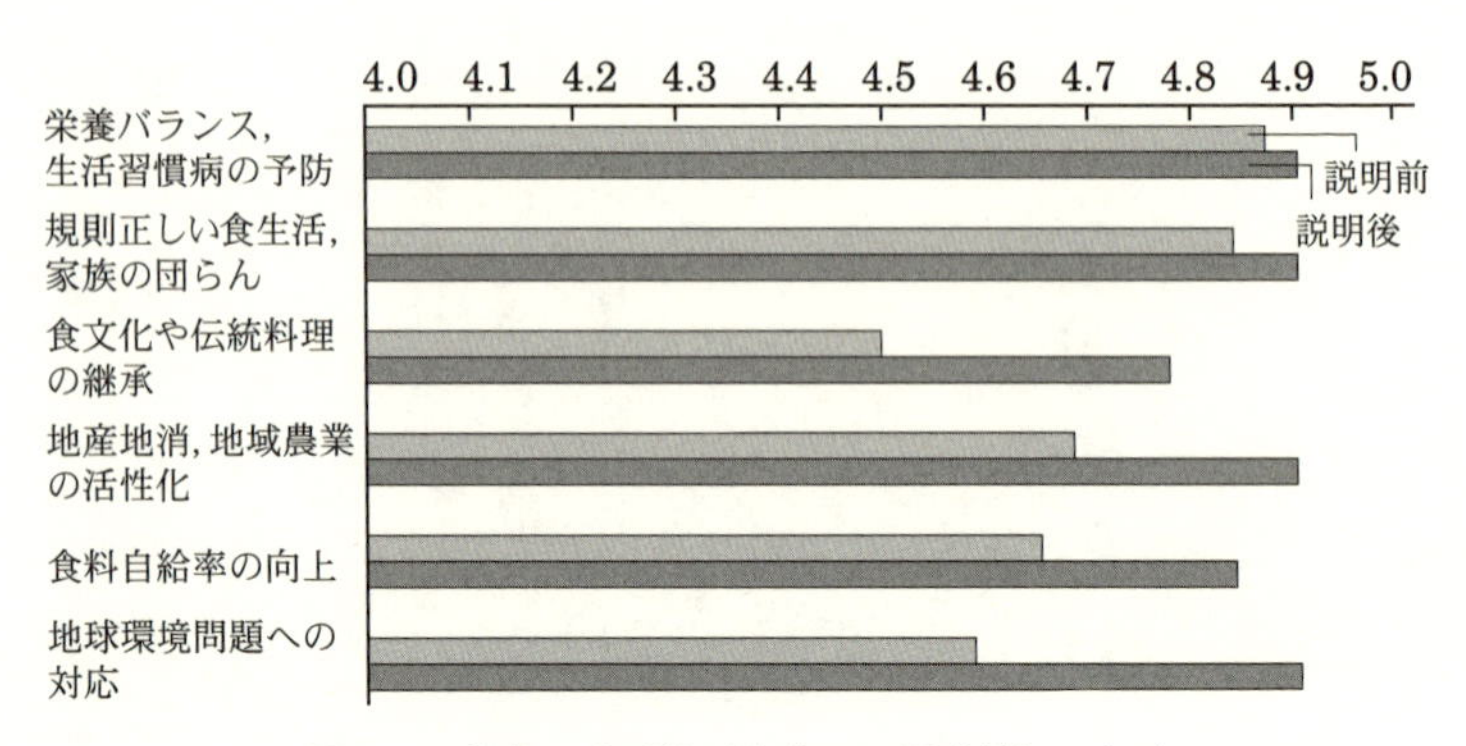

図 5-1　食育の重要性（食育との関連性）の程度

注 1　平成 17 年 11 月 29 日に開催された熊本県「食育ボランティアリーダー研修会」参加者を対象としたアンケート結果で，有効回答数は 32 である．なお，参加者は食生活改善指導員，栄養士会などである．

注 2　それぞれの項目ごとに，「食育は，どの程度，重要と考えますか（どの程度関連があると考えますか），との問いに対し，1（それほど重要でない・関連は小）〜5（非常に重要・関連は大）の 5 段階評価結果の平均値である．

人たちである。食生活改善推進員、栄養士、学校の先生、農業生産者などさまざまであり、多くの都道府県では、これら食育推進ボランティアの人たちを対象に研修会を開催するなどして、その活動を支援している。

二〇〇五年一一月、筆者は熊本県が主催した研修会によばれた。国の食育の取組みについて説明するためである。このときの参加者は、熊本県下においてボランティアとして実際に食育活動に取り組んでいる食生活改善推進員や栄養士三二名である。ここで筆者は、食育に関するアンケートをとった。図5-1はその結果である。

まず説明の前に、参加者の食育に対する現状認識を把握するため、一回目のアンケートを実施した。栄養バランスなど健康面、規則正しい食生活、食文化や伝統料理、地産地消、食料自給率、地球環境問題への対応という項目ごとに、食育の重要性（食育との関連性）について「1」（それほど重要ではない・関連は小）から「5」（非常に重要・関連は大）の五段階でポイントづけを行ってもらったのである。それを平均した結果を見ると、さすが普段から食育に取り組んでいるだけに意識が高く、すべての項目で四・五を超える高いポイントとなった。項目別に見ると「栄養バランス、生活習慣病の予防」「規則正しい食生活、家庭の団らん」といった身近な項目については、平均で四・八を上回る高いポイントであったのに対し、地産地消や食料自給率は相対的に低く、さらに「地球環境問題への対応」は四・五台とさらに低いポイントにとどまっていた。

その後、食育基本法、食事バランスガイド、食料自給率などについて四〇分ほど説明を行い、最後の五分くらいで、第3章（chapter 3）、第4章（chapter 4）で紹介したような地産地消の効果を含むフード・マイレージに関する説明を補足として行った。そして説明後に、参加者に先ほどのアンケート用紙を取り出し、裏返していただくようにお願いした。裏には、最初に行ったのと同じ設問が書かれており、もう一度、1～5のポイントづけを行ってもらった。その結果を見ると、いずれの項目についてもポイントが高まり、とくに「地球環境問題への対応」は大きく上昇し、「栄養バランス、生活習慣病の予防」などと同様、平均で四・九を上回ったのである。

このように、フード・マイレージという指標ないし考え方は、自らの食と地球環境問題とのかかわりについての意識を高めることに効果があることが認められる。

4 望ましい食のライフスタイルを

二〇〇四年、消費者保護基本法が三六年ぶりに改正され、名称も消費者基本法に改められたように、現在の消費者は社会的弱者として一方的に保護される存在ではない。二〇一五年に策定（改訂）された消費者基本計画においても、「消費者も自らの行動が社会に影響を与えるとの自覚」「持続可能な消費の実践」などが求められており、そのような自立した消費者による自主的な選択を通した社会の実現が期待されている。食についても、自ら学び、考え、主体的に実践していくことが求められる。

そのための取組みが第1章で紹介した「食育」である。食育に対する関心が大きく高まり、さまざまな取組みが行われている。しかし、その内容は、栄養バランスや健康はもとより、安全性にしても、あるいは日本の食料供給力の問題にしても、多くは結局は自分自身や日本といった、極めて利己的なレベルの問題意識にとどまっている。これからは、自分たちが享受している豊かな食生活が、世界全体の食料需給や地球環境問題に及ぼしている影響にまで想像力を働かせていくことが求められる。

そのきっかけづくりに、フード・マイレージという指標ないし考え方は有効である。その最大の利点は、輸送量に輸送距離をかけ合わせるだけという、極めて単純な計算方法で求めることができることだ。食材の使用量と原産地さえわかれば、目の前にある食事のフード・マイレージは誰でも計算できる。厳密には、現実の輸送経路と距離は複雑だが、仮定を置きさえすれば簡単にできる。輸送距離は、巻末の参考表を用いれば誰でも便宜的に計算できるし、これに使用量をかけ合わせればフード・マイレージが求められる。さらに、その輸送機関別の数値に表3-5の二酸化炭素排出係数を乗じれば、その食品の輸送に伴い排出されるおおむねの二酸化炭素排出量も計算できる。そのような単純な方法で計算した結果が、身近な食と地球環境問題という人類的課題を結びつけて考える際のヒントになるのだ。

さて、本書も最後に近づいてきたが、フード・マイレージという指標のもう一つの限界についても触れておかなければならない。それは、フード・マイレージは、あくまで輸送部分のみに着目した指標であるということである。

一般に食料は、農場や漁場で機械や資材を使って生産され、集出荷施設を経て消費地の市場に運ばれ、小分け・包装されて小売店で販売され、家庭で調理され消費される。あるいは外食店で料理として供されたり、そう菜として調理され販売される。この過程でロスや廃棄も出る。食料の生産から流通、消費、さらには廃棄に至るすべての過程でエネルギーが必要であり、二酸化炭素が排出される。そして、生産や流通の大規模化、広域化に伴い、その使用エネルギー量（二酸化炭素排出量）は、近年、増大している。このような巨大なフードシステム全体の中で、フード・マイレージは輸送というごく一部分のみに着目した指標であり、生産面や消費面、あるいは廃棄面における環境負荷は含まれていないのである。

つまり、フード・マイレージの観点からだけ見れば、なるべく地元でとれたものを食べた方が望ましいといっても、仮にそれが化学肥料や機械を多く使ったり、ハウスで加温して生産しているのであれば、海外で粗放的に生産されたものを輸入した方が、輸送に伴うエネルギーは余計にかかったとしても、全体としての環境負荷は小さくなる場合も、十分に考えられるのだ。

したがって、全体として環境負荷の小さな食のあり様を実現していくためには、生産から流通、消費、廃棄までをとらえるＬＣＡ（ライフサイクル・アセスメント）的な手法が必要である。各種文献によると、食料のライフサイクルを通じて排出される二酸化炭素排出量のうち、輸送段階のシェアは四〜三〇％程度にとどまる。したがって、いくら地産地消（なるべく地元で取れた食品を選択すること）に努めても、それだけでは環境負荷低減効果は限定的である。

しかし、同じように生産された食品であれば、輸送距離は短いに越したことはないし、さらには、フード・マイレージを意識することで、自らの食のあり方が地球環境問題とも関わっていることに気付くことにより、なるべく地元でとれたものを選ぶ（地産地消）だけではなく、なるべく旬のものを選び（旬産旬消）、食事はできるだけ家族一緒にとり、できるだけ食べ残しはしないといった心がけが重要となる。

ちなみにもう一つ、蛇足かも知れないがつけ加えておきたい。第4章で述べたとおり、近年、直売所が活況を呈している。地産地消に関心を持ってもらうことは大変結構なことだが、なるべく地元産を、ということで「道の駅」の直売所に自家用車で出かけると、その野菜などの輸送に伴う環境負荷は非常に大きなものになる。自家用車の排出する二酸化炭素の量は運輸部門全体の五割を占めている。その自動車でわずかな量の野菜などを買い求めれば、その重量当たりの二酸化炭素排出量は、膨大なものになる（むろん、その土地の新鮮な農産物をいただくことで、産地や生産者のことを身近に感じることができるという意味で、産地の直売所には大きな意義があるが）。

もっとも、これは何も直売所だけの問題ではない。全国的に、映画館なども併設したような立派なショッピングセンターが続々とオープンし、休日には子ども連れの家族やカップルで賑わっている。その一方で、徒歩や自転車で行ける範囲の商店街はさびれ、シャッター街とよばれるようなところも多い。たしかに自家用車は便利である。しかしそれが持てない、運転できない高齢者など社会的弱者にとって、住みやすい社会とはいえないであろう。私たちは誰にとって快適で、豊かな社会を目指しているのであろうか。自分にとっての「利便性（コンビニエンス）の誘惑」には勝てないのであろうか。

一年三六五日二四時間、お盆も正月も、深夜でも明け方でも開いている店があり、お金さえ出せば好きな食べものが手に入る。こんな便利な国は世界のどこにもなく、歴史上も存在しなかっただろう。コンビニエンス・ストアの清潔な陳列台に二四時間見られるお弁当やおむすびの光景は、関係者の創意工夫と熱意、絶え間ない技術革新（ビジネスモデルといわれるソフト面も含め）により実現したもので、筆者も、その利便性（コンビニエンス）の受益者の一人である。しかし、このようなビジネス努力には敬意を表しつつ、あえて問題提起したい。

おむすびを買うために、どうして二四時間こうこうと蛍光灯の輝くコンビニが必要なのだろうか。消費者は食べたいときに好物の「梅」おむすびが必ずないとだめ、「おかか」や「昆布」では我慢できないという。このような「消費者ニーズ」、つまり消費者の「利便性（コンビニエンス）の誘惑」に応えるため、コンビニやスーパーは一日に何度も配送を行っている。このために費やされるエネルギーや環境に与える負荷は、欠品を回避し顧客を失わずにすむためなら、とるに足らないコストなのである。そのような「消費者ニーズ」は、本当に尊重すべきものであろうか。
「利便性（コンビニエンス）への誘惑」こそが、日本人のみならず、産業革命以来の私たちの経済社会の発展の源泉だったのかもしれない。しかし、経済も人口も右肩上がりで一本調子で成長してきたこと自体、異常であったのだ。東京大学名誉教授の松井孝典先生によると、二〇世紀の人口増加のペースは、二千数百年で人の重さが地球の重さに等しくなるほどのものらしい（『宇宙人としての生き方』、岩波新書）。

そして現在、私たちは自分たちの文明が永遠に右肩上がりで続くものではないということに、ようやく気づいた。地球環境問題は、経済や社会のみならず、人類全体の存在までを脅かしている。人はいったん便利さを味わうと、なかなか後もどりはできない。しかし、そのような生活が今、地球環境に大きな負荷を与えているのだ。また、二〇一一年の東日本大震災と原発事故は、現代文明そのものを見直す必要があることを強く示唆するものであった。そのようななかで、とくに私たち日本人は、突出したフード・マイレージに象徴されているように、食料に限らず大量の物資を輸入することによって、世界有数の経済規模と所得水準を実現しているのである。その日々の私たち自身の食生活が、地球環境にどのような影響を与えているかということについて、想像力を働かせていくことが必要とされている。地球環境問題とは、当然ながら日本の範囲に限定されるものではなく、人口的には圧倒的多数を占める開発途上国を含む全人類の脅威であり、また、未来の子孫たちの生存環境をも脅かす問題でもある。大げさではなく、全人類と未来の子孫たちの生存環境を脅かしてまで、私たちはこれからも世界中から大量の食料を輸入し続けるのであろうか。

なお、この関連でTPP（環太平洋パートナーシップ協定）やEPA（経済連携協定）についても触れておく。TPP（これもEPAの一つ）は、二〇一六年二月に参加一二か国の間でいったん大筋合意に至ったものの、二〇一七年一月のアメリカによる離脱表明を受け、同年一一月、残る一一か国で発効に向けて大筋合意した。EPAについては、日本と二〇国とのあいだで一六の協定が発効済であり、オーストラリアとの間では二〇一五年一月に発効、EUとの間では二〇一七年七月に大枠合意されている。これらの協定は、貿易の自由化のみならず、投資の自由化・円滑化など幅広い経済関係の強化を目指すものである。

フード・マイレージの観点からは、食料の国際間の長距離移動は地球環境への負荷を抑えるためには少ない方が良いのだが、これら協定への参加が日本の輸入食料のフード・マイレージの増大につながるかどうかは一概に言えない。これは、日本の輸入食料のフード・マイレージの大きな部分が、すでに自由化されている品目である家畜の飼料（トウモロコシなど）や油糧種子（大豆やなたね）によって占められているためで、仮に、飼料穀物の輸入が畜産物の輸入にシフトすることとなれば、フード・マイレージは縮小する（196ページ参照）。いずれにしても、日本の輸入食料のフード・マイレージの大きさは、日本人の食生活の洋風化を反映して増大してきたものであることとは、3章（(chapter 3) 130ページ）で見た通りである。

一方、これらの協定は日本の輸出相手国の関税削減も内容としていることから、日本の農産物や食料の輸出促進につながるという効果も期待される。日本の食料輸出の増加は、世界全体の食料貿易から見ればフード・マイレージの増大につながることとはいえ、日本の食料輸出が世界貿易に占めるシェアはわずかであり、また、日本の食料貿易は輸入量に対して輸出量が極めて少ないという非常にバランスを欠く状況となっていることを総合的に勘案すれば、日本の農産物・食品の輸出促進は、国内農業の活性化、日本の食文化（和食）の海外での普及などの面で、メリットが大きいものと考える。

繰り返すが、突出したフード・マイレージに象徴される現在の日本のグロテスクともいえる食の姿は、まぎれもなく私たち自らが選択した結果なのである。であれば、それを少しでも健全な姿にもどしていくのも、私たち一人ひとりの選択によって可能であるはずだ。

フード・マイレージという指標ないし考え方は、それ自体、さまざまな限界はあるものの、私たちの個人的な「食」と、地球環境問題という人類的な課題とを結びつけて考える際のヒントとなるものである。今後、各地域においてさまざまな食育の活動を実践している人たちが、その活動にあたってフード・マイレージをその素材の一つとして活用し、一人でも多くの方が、自分たちの食について気づき、想像力を働かせ、実践していくためのお手伝いができることとなれば、筆者にとって大きな喜びである。

Q & A

初版の刊行以来、フード・マイレージについてさまざまな質問や意見が寄せられた。ここでは、それらのうちの主なものに対する回答と、その回答が記された本書の箇所（ページ）を整理した。

Q-1 フード・マイレージとは何か。なぜカタカナ英語を使うのか。

A 「フード・マイレージ」とは、食料の輸送量と輸送距離を総合的・定量的に把握することを目的とした指標ないし考え方である。そして、食料の輸送に伴い排出される二酸化炭素が、地球環境に与える負荷という観点に着目するものである。なお、最初に論文として書いたときにはフード・マイレージを「食料の総輸送量・距離」と日本語で表現したが、かえってはん雑になるので、カタカナで表記している。

（chapter 3、90ページ）

Q-2 フード・マイレージと食料自給率はどこが異なるのか。

A 日本の食料供給構造の特色、つまり輸入食料への依存度の高さを表す際に最も一般的に用いられている指標は食料自給率であるが、この指標には、輸送距離という要素は含まれていない。たとえば、同じ食料輸入であっても、ドイツが陸続きの隣国であるフランスから輸入する場合と、日本が太平洋を隔てたアメリカから輸入する場合とでは、輸送の距離のみならず、経路や輸送手段、輸送に要する時間といった面で大きく事情は異なるものの、自給率の計算上は、このような事情の違いはまったく反映されない。

これに対し、フード・マイレージという指標は、輸送距離という要素を含むことによって、日本の食料供給構造の特色、すなわち長距離輸送を伴う大量の輸入食料に支えられているという現状を、わかりやすく表すことができる。

（chapter 3、95〜96ページ）

Q-3 日本の輸入食料のフード・マイレージは世界一か。

A 計測を行った国（日本、韓国、アメリカ、イギリス、フランス、ドイツ）の中では、総量で見ても一人当たりで見ても、日本の数値が最も大きくなっている。

しかし、日本の輸入食料のフード・マイレージは世界最大ではない。二〇〇一年を対象に試算を行ったときは、中国の貿易統計のデータベースを入手できなかったため計算できなかった。しかし中国は近年、経済発展と食生活の高度化（油脂消費の増加）に伴い、ブラジルやアメリカから大量の大豆の輸入を行っており、輸入大豆のフード・マイレージだけでも日本の総量を上回る。これは何といっても中国の人口の多さを反映しているものであり、一人当たりのフード・マイレージは日本の方が大きい。

（chapter 3、111〜112ページ）

Q-4 日本の輸入食料のフード・マイレージが大きい理由は何か。

A 日本の輸入食料のフード・マイレージが大きく増大してきた背景には、高度経済成長と所得の増大に伴って食生活パターンが大きく変化し、畜産物や油脂を大量に消費するようになったことがある。需要が急増した飼料穀物（トウモロコシなど）や油糧種子（油脂原料である大豆や菜種）を国内生産で賄おうとすると高コストとなるため、これら作物はアメリカ産を中心とする輸入に依存することとなった。その結果、トウモロコシや大豆などを中心に輸入食料の輸入量およびフード・マイレージが大幅に増大するとともに、平均輸送距離もほぼ一貫して伸びてきた。

（chapter 3、130ページ）

Q-5 日本では食料に限らずエネルギーなど多くの物資を輸入に依存している。食だけ取り上げても意味がないのではないか。

A 質問のように、フード・マイレージの限界の一つは、食料に限定した指標であるということである。輸送に伴う地球環境への負荷を減らそうとしても、日本が大量に輸入している物資は食料だけではない。原油、鉄鉱石、石炭といった鉱物資源や木材などの資源、工業製品などを大量に輸入することによって、現在の私たちの豊かな生活と社会は支えられている。食料を含む貨物全体の日本の輸入量は、実に八億トン近くに及ぶ。日本の食料輸入量は第3章(chapter 3)で述べたように約五四〇〇万トンであるから、総輸入量に占める食料のウェイトはわずか五%程度に過ぎない(二〇一六年)。つまり、輸入品の輸送に伴う環境負荷の問題については、食料はむしろマイナーな部門である。つまり、輸入品の輸送に伴う地球環境への負荷という観点からは、フード・マイレージという食料に限定した指標では不十分ということになる。したがって、物資すべてを対象とした指標、たとえば「グッズ・マイレージ」ともよぶべき指標を開発し、これを諸外国の数値と比較するといった作業を通じて、これからの私たちのライフスタイルのあり様を検討していくことが必要である。(chapter 5、193〜194ページ)

Q-6 国内畜産と飼料穀物の輸入をやめ、畜産物を直接輸入すれば、フード・マイレージは大きく削減できるのではないか。

A 質問のように、フード・マイレージを大きく削減するためには、国内畜産を縮小し飼料穀物の輸入を減少させればいい。そうすると、畜産物の輸入が増加することとなるが、牛肉一キログラムの生産のためには十一キログラムのとうもろこしが必要であることなどを考慮すれば、フード・マイレージは大幅に削減されることとなる。こうすれば、輸出国から見れば、より付加価値の高い食肉などで輸出することとなるので、歓迎されるかもしれない。同様に、大豆やなたねよりも食用油で輸出した方が輸出国にとって付加価値は高くなる。

だが、これには問題がある。最終的に口に入る食品については、安全性確保のために管理下に置くべき輸送距離はなるべく短く、かつ輸送経路は単純であるにこしたことはないからだ。また、安全性の程度と輸送距離それ自体との間には相関関係はないとはいえ、消費者の「安心」確保の観点からは、最終的な食料については、なるべく消費者の近くで生産されたほうが望ましいといえる。

また、飼料穀物輸入を畜産物輸入に代替させた場合には、後者の多くは生鮮食品であることから、輸送に際して冷蔵・冷凍などのエネルギーが余計にかかり、その分環境負荷も大きくなるという問題もある。一方、日本国内における糞尿処理や悪臭・騒音などの環境負荷は軽減されるという面もある。いずれにしても、なるべく国内の草資源などのバイオマスを利活用した畜産の形態にシフトしていくことが望ましい。（chapter 5、196〜197ページ）

Q-7 輸送に伴う二酸化炭素排出量は、全体の中では多くないのではないか。つまり、地産地消にさえ努めれば、地球環境問題が解決するかのようにいうのは間違いではないか。

A 一般に食料は、農場や漁場で機械や資材を使って生産され、集出荷施設を経て消費地の市場に運ばれ、小分け・包装されて小売店で販売され、家庭で調理され消費される。あるいは外食店で料理として供されたり、そう菜として調理され販売される。この過程でロスや廃棄も出る。食料の生産から流通、消費、さらには廃棄に至るすべての過程でエネルギーが必要であり、二酸化炭素が排出される。そして、生産や流通の大規模化、広域化に伴い、その使用エネルギー量（二酸化炭素排出量）は、近年、増大している。このような巨大なフードシステム全体の中で、フード・マイレージは輸送というごく一部分のみに着目した指標であり、生産面や消費面、あるいは廃棄面における環境負荷は含まれていない。

フード・マイレージの観点からだけ見れば、なるべく地元でとれたものを食べた方が望ましいといっても、仮にそれが化学肥料や機械を多く使ったり、ハウスで加温して生産しているのであれば、海外で粗放的に生産されたものを輸入した方が、輸送に伴うエネルギーは余計かかったとしても、全体としての環境負荷は小さくなる場合も、十分に考えられる。

したがって、全体として環境負荷の小さな食のあり様を実現していくためには、生産から流通、消費、廃棄までを捉えるＬＣＡ（ライフサイクル・アセスメント）的な手法が必要となる。食料のライフサイクルを通じて排出される二酸化炭素排出量のうち、輸送段階のシェアは四〜三〇％程度にとどまる。したがって、いくら地産地消に努めても、それだけでは環境負荷低減効果は限定的である。しかし、同じように生産された食品であれば、輸送距離は短いに越したことはないし、さらには、フード・マイレージを意識することで、自らの食のあり方が地球環境問題とも関わっていることについて気付くこととなれば、身近な私たち自身の食生活に即して言えば、なるべく地元でとれたものを選ぶ（地産地消）だけではなく、なるべく旬のものを選び（旬産旬消）、可能であれば食事は家族一緒にとり、できるだけ食べ残しはしないといった心がけが重要であることについての理解も進むであろう。

なお、輸送機関（トラックと船舶など）によって、輸送に伴う二酸化炭素排出量に大きな差があることも、chapter 3（125ページ）に記したとおりである。（chapter 5、218〜219ページ）

Q-8 フード・マイレージの観点からは、TPPに参加すべきではないといえないか。

A TPP（環太平洋パートナーシップ協定）は、二〇一六年二月に参加一二か国の間でいったん大筋合意に至ったものの、二〇一七年一月のアメリカによる離脱表明を受け、同年一一月、残る十一か国で発効に向けて大筋合意した。これらの協定は、貿易の自由化のみならず、投資の自由化・円滑化など幅広い経済関係の強化を目指すものである。

フード・マイレージの観点からは、食料の国際間の長距離移動は地球環境への負荷を抑えるためには少ない方が良いのだが、これら協定への参加が日本の輸入食料のフード・マイレージの増大につながるかどうかは一概に言えない。これは、日本の輸入食料のフード・マイレージの大きな部分が、すでに自由化されている品目である家畜の飼料（トウモロコシなど）や油糧種子（大豆やなたね）によって占められているためで、仮に飼料穀物の輸入が畜産物の輸入にシフトすることとなれば、フード・マイレージは縮小する。いずれにしても、日本の輸入食料のフード・マイレージの大きさは、日本人の食生活の洋風化を反映して増大してきたものであることは、chapter 3（130ページ）で見た通りである。（chapter 5、222～223ページ）

Q-9 フード・マイレージの観点からは、農産物や食品の輸出を促進する政策は望ましくないのではないか。

A TPPやEPA（経済連携協定）は、日本の輸出相手国の関税削減も内容としていることから、日本の農産物や食料の輸出促進につながるという効果も期待される。日本の食料輸出の増加は、世界全体の食料貿易から見ればフード・マイレージの増大につながることとなるとはいえ、日本の食料輸出が世界貿易に占めるシェアはわずかであり、日本の食料貿易は輸入量に対して輸出量が極めて少ないという非常にバランスを欠く状況となっていることを総合的に勘案すれば、日本の農産物・食品の輸出促進は、国内農業の活性化、日本の食文化（和食）の海外での普及などの面で、メリットが大きいと考えられる。（chapter 5、223ページ）

旧版のあとがき

二〇〇七年は、食をめぐるさまざまな混乱に見舞われた年として記憶に残るかも知れない。

一月一一日の朝刊各紙には、老舗菓子メーカーによる消費期限切れ材料使用の記事が大きく掲載された。その日の深夜、宮崎県で高病原性鳥インフルエンザが疑われる事例が発生した。さらに宮崎県下二か所と岡山県下で続発、しかも次第に規模が大きくなり、県も農林水産省も対応に追われた。そのさなか、一月二〇日には、テレビの人気健康情報番組の内容がねつ造されていたことが発覚した。年度が替わり、高病原性鳥インフルエンザも終息し比較的平穏な日々が続いていたが、六月二〇日、今度は北海道の食肉加工メーカーが悪質な偽装を行っていたことが判明し、行政の対応も含め大きな社会問題となった。また、日米間での牛肉輸入条件に関する会合、WTO交渉や豪州とのEPA交渉が、本稿執筆中も継続している。

これらの事件は、現在の私たちの食の姿を如実に反映したものだ。食の流通は多様化、広域化し、生産者、事業者、消費者はお互いの顔が見えにくくなっている。私たちの食生活は、世界のどこかで何かが起こる度に大きな影響を受け、あるいはマスコミの表面的な情報に簡単に踊らされるような、脆いものとなっている。

そのために、本書では「フード・マイレージ」という考え方を提案し、これを意識することによって持続可能な社会の実現に向けて少しずつ進んでいくことを訴えようとした。しかし、足元をよく見ると、望ましいライフスタイルと社会のあり方は、しっかりと地域に根ざしていることに気づいた。

人吉盆地の東端にある熊本県湯前町（ゆのまえまち）に、山北幸（やまきたさち）さんという九四歳になる方がおられる。戦後の疲弊し混乱した農村地域で「頼母子講（たのもしこう）」の活動を始め、一九五七年には「下村（しもむら）婦人会」で漬け物作りを始めた。地元の野菜を使った

女性の手作りによる加工品は、地域の活性化に大きく貢献している。ここでは、地域に根ざした地道な活動が戦後六十年以上にわたって確かに続いている。

ちなみに加工所の壁には、「食品でよい商品とは」という山北会長の四か条が紙に書いて貼られている。その第一は「安全であること」、第二は「ごまかしのないこと」、続いて「味の良いこと」、「価格が妥当であること」。五〇年前の創業時からのものらしいが、今改めて読むと何と示唆に富むことか。

その山北さんを師と仰ぎ、人吉市で農家レストラン「ひまわり亭」を経営するなど、精力的に活躍しているのが本田節さんだ。ひまわり亭で出される食事には地元の旬の食材が用いられ、地域の食文化の創造と伝承の役割も担っている。近年はグリーン・ツーリズム運動のリーダーも務めており、いくつかの農家民宿もオープンした。その一つ「つばき坂」を経営する農業・上井信子さんは言う。

「市場に出せば消費者の口に入るまで数日かかる。直売所ができて朝の野菜を夕方食べてもらえるようなった。それが農家民宿だと、食事の二時間前に取ってきた新鮮な野菜をお客さんに食べてもらえる」。徒歩で自分の畑から取ってくるのだから、輸送に伴う環境負荷はゼロである。

熊本県菊池市にある公立病院「菊池養生園」の名誉園長、竹熊宜孝医師（七二歳）は、若い頃から予防医療に尽力し、食の問題にも積極的に取り組んできた。健康であるためには、まず食べ物が安全でなければならない。そのためには、その源である農業が健全である必要がある。先生のモットーは「医は農に、農は自然に学べ」である。「人間は経済性を追いかけるあまり、農は命の産業だということを見失っている。地産地消、身土不二は当然。健康や食べ物の問題を考える人がもっと増えてほしい」と訴える。

ことさらにフード・マイレージなどとカタカナ語を使わなくても、地球環境問題と大上段に振りかぶらなくとも、山北会長も竹熊医師も、その土地で生産された食料を食べることが、命にも健康にも重要で、地域の伝統文化にも密接につながっていることを、何十年も前から実践されているのだ。

現在の私たちの食は、たしかに非常に多くの深刻な問題点を抱えている。しかし、その一方で、今の病んだ社会を持続可能なものへと再生していく役割も、自然循環の制約と恵みの中で営まれる食と農こそが担い得るのではないか。できることから、自分の足元から、地域から。それが社会を変えていくきっかけになると確信している。

本書の執筆に当たっては、多くの方々のご協力をいただきました。

ここにすべての方のお名前を記すことはできませんが、特に農林水産政策研究所においてフード・マイレージという概念を初めて教えていただき、また、様々な助言・指導を賜った篠原孝所長（当時、現衆議院議員）には、本研究を含め、食について考える貴重なきっかけを与えていただきました。

また、本文で事例として紹介させていただいた埼玉県N市立A中学校の栄養職員である金沢佳代子さん、熊本県宇城市「食と農の体験塾」の宮田研蔵さん、同産山村の井信行さん、コープくまもと前理事の毎熊知子さん、大地を守る会の大野由紀恵さん、ＣＳまちデザインの近藤惠津子さん、熊本県立大学の有園幸司先生、それに熊本大学の徳野貞雄先生には、大変お世話になりました。

さらに、家族を始め、ここまで私を支えて下さった方々に、この場を借りてお礼申し上げます。

最後に、日本評論社の第四編集部・佐藤大器氏による煩雑な事務作業と的確なアドバイスがなければ、本書が日の目を見ることはありませんでした。ここに記して感謝の気持ちを表させていただきます。

平成一九年八月　猛暑の続く熊本市にて　　中田哲也

新版へのあとがき

旧版の刊行から一〇年が経過した。

旧版の「あとがき」で紹介させていただいた下村婦人会（熊本・湯前町）の山北幸さんは、二〇一三年に九九歳で逝去された。そのご遺志は本田節さんたち多くの方々に引き継がれ、漬け物など伝統食とともに今も生きている。

その熊本は、二〇一六年四月に連続して大きな地震に見舞われた。震度六強を記録した産山村の井信行さんも、一時、自宅を離れて避難されていたが、現在はあか牛生産を含め変わらずに多忙な日々を送っておられる。

遡って、二〇一一年三月には東日本大震災が発生した。東京・霞が関のビルの三階にある著者の職場も大きく揺れ、私も帰宅困難者の一人となった。地震と津波による被害の甚大さもさることながら、東京電力・福島第一原子力発電所の事故は、社会に大きな不安と混乱を与え、人類の文明のあり方さえ問い直すきっかけとなった。

近年、フード・マイレージとは、単に食料輸送による環境負荷の大きさ（二酸化炭素排出量）を計測するための技術的な指標としてではなく、食卓の上に並んだ食べものが、どこで、誰によって生産され、どのように運ばれてきているのかを知るきっかけになるという意義の方が、より重要なのではないかという思いを強めている。つまり、その食べものを作ってくださった生産者や産地に思いを馳せ、想像力を働かせることで、分断されてしまっている農（産地、生産者）と食（都市、消費者）を再び結びつける「よすが」となることが期待されるのだ。

東日本大震災と原発事故から六年以上が過ぎたが、現在も福島県では五万人以上の方々が避難生活を強いられている。避難指示は、順次、解除が進んでいるものの、実際に帰還した人は少数にとどまっている。

大量生産、大量（長距離）流通、大量消費、大量廃棄などの言葉で象徴される近代文明は、私たちに豊かで便利な生活をもたらした。その象徴である原発による未曾有の事故は、広範な地域の人々の生業と暮らしを破壊し、今も深刻な爪跡を残しているという現実を私たちは忘れてはならない。

フード・マイレージは、食を通じて、福島など被災地の姿に想像力を及ぼし、被災地の方たちと私たち（都市の消費者）とを結びつけなおすきっかけになるかも知れないとも、思い始めている。むろん、想像力が及ぶべき範囲は、被災地に限られる訳ではなく、さらに日本国内にとどまるものでもない。

このような思いとも関連するが、今回の改訂版では伝統野菜についての記述を追加した。食とは、本来、その地域の風土や歴史・伝統、食文化と深く結びついているものである。食を考えることは、私たちの社会や文明全体のありようを見直すことにもつながるのだ。

新たに本文で紹介させていただいたつぐまたかこさん、大塚好雄さん、北亜続子さん、大竹道茂さんを始め、多くの方々の協力をいただいたことにお礼申し上げます。

また、私事ながら、二〇一一年から一二年にかけて千葉大学大学院園芸学研究科で学ぶ機会を得、フード・マイレージに関するこれまでの研究成果を論文としてまとめることができました。学位（博士・農学）取得に到るまで懇切に指導してくださった斎藤修先生（現・千葉大学名誉教授）には、特に感謝の意を表させていただきます。

さらに、私を支えてくれた家族（母・嘉代子、妻・光子、二人の子どもたち・篤志と順子）を始めとして、私の活動を支えてくれたすべての方々に、本書を捧げたいと思います。

最後になりましたが、日本評論社の佐藤大器さんには今回も大変お世話になりました。ここに記して感謝申し上げます。

二〇一七年十一月　福島・飯舘村へのスタディツアーの翌日、東京・東村山市の自宅にて

中田哲也

消費地 生産地	札幌市	仙台市	東京都	名古屋市	大阪市	岡山市	福岡市
鳥取	1733.6	930.0	711.3	364.1	197.5	123.8	545.1
島根	1926.7	1124.1	799.8	452.6	286.0	179.4	444.6
岡山	1826.1	1023.9	699.7	352.5	185.9	—	442.8
広島	1971.4	1169.1	844.8	497.6	331.0	164.1	284.6
山口	2099.3	1297.0	972.7	625.5	458.9	291.9	156.5
徳島	1796.7	994.1	669.9	322.7	144.4	141.3	549.6
香川	1845.2	1093.9	769.7	422.5	255.9	77.9	486.2
愛媛	2007.3	1204.8	880.5	533.3	366.7	188.7	466.2
高知	1980.2	1177.5	853.3	506.1	339.5	161.5	564.8
福岡	2250.7	1448.0	1123.8	776.6	610.0	443.0	—
佐賀	2305.4	1503.4	1179.1	832.0	665.4	498.4	65.1
長崎	2394.5	1592.0	1267.8	920.6	754.0	587.0	153.8
熊本	2351.5	1549.2	1224.9	877.7	711.1	544.1	110.9
大分	2298.8	1496.5	1172.2	825.0	658.4	491.4	161.5
宮崎	2535.0	1733.8	1409.6	1062.4	895.8	728.8	295.6
鹿児島	2523.6	1721.7	1397.4	1050.2	883.6	716.7	283.4
沖縄 （うちフェリー）	3228.1 (704.1)	2425.8 (704.1)	2101.5 (704.1)	1754.4 (704.1)	1587.8 (704.1)	1420.8 (704.1)	987.5 (704.1)

注 1）インクリメントP株式会社の「生活地図サイト Map Fan Web」の「ルート検索」による．http://www.mapfan.com/

注 2）各都道府県庁所在地（生産地）から主要都市（消費地）までの道路輸送距離である（北海道および沖縄からの輸送にはフェリー輸送の区間を含む）．

注 3）すべての都道府県庁所在地から札幌市への輸送には，フェリー（函館〜大間）の区間を含む．

〈参考表 3〉 国内の輸送距離（各都道府県から主要都市まで）

（単位：km）

生産地＼消費地	札幌市	仙台市	東京都	名古屋市	大阪市	岡山市	福岡市
北海道 （うちフェリー）	— —	804.7 (38.1)	1167.0 (38.1)	1516.6 (38.1)	1670.0 (38.1)	1826.1 (38.1)	2250.7 (38.1)
青森	486.9	352.0	714.2	1063.0	1216.4	1372.5	1797.1
岩手	622.6	176.6	538.9	887.6	1041.1	1197.2	1621.7
宮城	804.7	—	364.6	713.3	866.8	1022.9	1447.4
秋田	667.9	244.2	606.5	742.7	880.2	1036.3	1460.8
山形	863.7	62.1	377.8	627.8	765.2	921.3	1345.9
福島	883.4	81.7	286.1	634.9	788.3	944.4	1369.0
茨城	1093.0	291.3	122.1	469.9	661.8	817.9	1242.4
栃木	1048.5	246.0	127.4	476.1	668.0	824.1	1248.7
群馬	1143.0	341.0	109.1	335.3	510.1	666.2	1090.7
埼玉	1145.5	343.3	25.8	370.7	562.6	718.7	1143.2
千葉	1191.0	389.7	55.7	401.3	593.2	749.3	1173.9
東京	1167.0	362.5	—	352.5	549.0	705.1	1129.7
神奈川	1204.5	402.9	43.3	340.9	532.8	688.9	1113.5
新潟	1065.8	263.5	315.6	471.5	609.0	765.1	1189.6
富山	1310.5	507.0	419.0	237.0	370.6	526.7	951.3
石川	1363.5	560.4	472.4	242.2	307.9	464.0	888.6
福井	1443.9	641.3	521.4	168.7	234.4	390.5	815.1
山梨	1278.7	475.0	116.6	257.6	432.3	588.4	1012.9
長野	1266.9	464.6	226.0	274.9	449.7	605.8	1030.3
岐阜	1513.7	710.9	382.5	35.3	179.8	335.9	760.4
静岡	1334.8	532.8	171.6	184.0	375.9	532.0	956.5
愛知	1516.6	713.1	352.0	—	198.9	355.0	779.6
三重	1581.7	778.5	417.4	84.6	147.0	303.1	727.7
滋賀	1610.3	808.1	483.8	136.6	63.6	219.7	644.2
京都	1621.8	819.0	494.8	147.6	57.4	213.5	638.0
大阪	1670.0	869.0	544.7	197.5	—	186.6	611.2
兵庫	1688.0	885.7	561.4	214.2	35.9	157.7	582.3
奈良	1643.3	840.8	465.3	132.5	30.7	218.1	642.7
和歌山	1744.2	941.5	617.2	270.1	85.0	272.2	696.8

輸出国（地域）	輸送距離計	東京港～東京湾口	東京湾口～輸出港	輸出港～輸出国首都	輸出港（仮定）
サモア	11824.6	96.3	8845.2	2883.1	オークランド
バヌアツ	11152.1	96.3	8845.2	2210.7	オークランド
フィジー	11045.0	96.3	8845.2	2103.5	オークランド
ソロモン諸島	10963.0	96.3	8017.3	2849.4	シドニー
トンガ	10928.2	96.3	8845.2	1986.7	オークランド
キリバス	13202.5	96.3	8845.2	4261.0	オークランド
ピットケルン(英)	14279.5	96.3	8845.2	5338.0	オークランド
ナウル	12157.7	96.3	8017.3	4044.1	シドニー
ニューカレドニア（仏）	10791.7	96.3	8845.2	1850.3	オークランド
仏領ポリネシア	12959.9	96.3	8845.2	4018.5	オークランド
グァム（米）	5966.8	96.3	3246.6	2624.0	マニラ
米領サモア	11889.3	96.3	8845.2	2947.9	オークランド
米領オセアニア	11827.5	96.3	8845.2	2886.0	オークランド
ツバル	12117.4	96.3	8845.2	3176.0	オークランド
マーシャル諸島	8888.0	96.3	3246.6	5545.2	マニラ
ミクロネシア	7477.3	96.3	3246.6	4134.4	マニラ
北マリアナ（米）	5966.8	96.3	3246.6	2624.0	マニラ
パラオ	5031.0	96.3	3246.6	1688.1	マニラ

注 1）「東京港～東京湾口」および「東京湾口～輸出港」の距離は海上保安庁「距離表」（1995）による.

注 2）「輸出港～輸出国首都」の距離は，当該国の首都から当該国（または近隣国）の輸出港までの直線距離である.

〈参考表 2〉東京湾口から国内主要都市（港）までの輸送距離

（単位：km）

都市（港）	札幌市（石狩新港）	仙台市（仙台港）	名古屋市（名古屋港）	大阪市（大阪港）	岡山市（岡山港）	福岡市（博多港）
東京湾口からの距離	1281.6	488.9	314.8	614.9	648.2	1068.6

注）海上保安庁「距離表」による.

輸出国（地域）	輸送距離計	東京港～東京湾口	東京湾口～輸出港	輸出港～輸出国首都	輸出港（仮定）
ケニア	13586.5	96.3	12819.5	670.7	ダルエスサラーム
ウガンダ	14002.7	96.3	12819.5	1086.9	ダルエスサラーム
タンザニア	12923.5	96.3	12819.5	7.6	ダルエスサラーム
セイシェル	14718.5	96.3	12819.5	1802.6	ダルエスサラーム
モザンビーク	17251.4	96.3	15534.6	1620.5	ケープタウン
マダガスカル	14524.9	96.3	12819.5	1609.0	ダルエスサラーム
モーリシャス	15377.2	96.3	12819.5	2461.3	ダルエスサラーム
レユニオン（仏）	15228.1	96.3	12819.5	2312.2	ダルエスサラーム
ジンバブエ	14436.8	96.3	12819.5	1521.0	ダルエスサラーム
ナミビア	16896.0	96.3	15534.6	1265.1	ケープタウン
南アフリカ	16935.6	96.3	15534.6	1304.7	ケープタウン
レソト	16626.5	96.3	15534.6	995.6	ケープタウン
マラウィ	13915.5	96.3	12819.5	999.7	ダルエスサラーム
ザンビア	14451.5	96.3	12819.5	1535.6	ダルエスサラーム
ボツワナ	16878.1	96.3	15534.6	1247.2	ケープタウン
スワジランド	17111.2	96.3	15534.6	1480.3	ケープタウン
英領インド洋地域	10435.9	96.3	8306.2	2033.4	コロンボ
コモロ	13610.6	96.3	12819.5	694.8	ダルエスサラーム
エリトリア	17112.8	96.3	15014.2	2002.3	エルイスカンダリア
オーストラリア	8371.6	96.3	8017.3	258.0	シドニー
パプアニューギニア	10853.2	96.3	8017.3	2739.6	シドニー
その他オーストラリア領	9652.2	96.3	8017.3	1538.6	シドニー
ニュージーランド	9441.8	96.3	8845.2	500.4	オークランド
クック諸島（NZ）	15276.0	96.3	8845.2	6334.6	オークランド
トケラウ諸島(NZ)	12491.1	96.3	8845.2	3549.7	オークランド
ニウエ島（NZ）	11504.7	96.3	8845.2	2563.2	オークランド

輸出国（地域）	輸送距離計	東京港～東京湾口	東京湾口～輸出港	輸出港～輸出国首都	輸出港（仮定）
セネガル	21210.1	96.3	19599.7	1514.1	ラスパルマス
ガンビア	21330.2	96.3	19599.7	1634.1	ラスパルマス
ギニアビサウ	22537.1	96.3	20262.7	2178.0	ラゴス
ギニア	22276.0	96.3	20262.7	1916.9	ラゴス
シエラレオネ	22213.6	96.3	20262.7	1854.5	ラゴス
リベリア	21924.6	96.3	20262.7	1565.5	ラゴス
コートジボアール	21319.5	96.3	20262.7	960.4	ラゴス
ガーナ	20772.8	96.3	20262.7	413.8	ラゴス
トーゴ	20586.7	96.3	20262.7	227.7	ラゴス
ベナン	20428.8	96.3	20262.7	69.7	ラゴス
マリ	21789.9	96.3	20262.7	1430.8	ラゴス
ブルキナファソ	21224.4	96.3	20262.7	865.4	ラゴス
カーボベルデ	21385.6	96.3	19599.7	1689.6	ラスパルマス
カナリア諸島(西)	19853.6	96.3	19599.7	157.5	ラスパルマス
ナイジェリア	20867.5	96.3	20262.7	508.5	ラゴス
ニジェール	21168.9	96.3	20262.7	809.8	ラゴス
ルワンダ	14074.3	96.3	12819.5	1158.4	ダルエスサラーム
カメルーン	21300.5	96.3	20262.7	941.4	ラゴス
チャド	21783.9	96.3	20262.7	1424.9	ラゴス
中央アフリカ	22057.9	96.3	20262.7	1698.8	ラゴス
赤道ギニア	21024.1	96.3	20262.7	665.1	ラゴス
ガボン	21292.4	96.3	20262.7	933.3	ラゴス
コンゴ共和国	22124.0	96.3	20262.7	1764.9	ラゴス
コンゴ民主共和国	22134.4	96.3	20262.7	1775.4	ラゴス
ブルンジ	14086.6	96.3	12819.5	1170.8	ダルエスサラーム
アンゴラ	22371.2	96.3	20262.7	2012.1	ラゴス
サントメプリンシペ	21125.8	96.3	20262.7	766.8	ラゴス
セントヘレナ(英)	23052.8	96.3	20262.7	2693.7	ラゴス
エチオピア	14677.8	96.3	12819.5	1761.9	ダルエスサラーム
ジブチ	15221.5	96.3	12819.5	2305.7	ダルエスサラーム
ソマリア	14103.1	96.3	12819.5	1187.2	ダルエスサラーム

輸出国（地域）	輸送距離計	東京港～東京湾口	東京湾口～輸出港	輸出港～輸出国首都	輸出港（仮定）
モントセラト（英）	16823.7	96.3	15899.4	828.0	ラグアイラ
セント・クリストファー・ネイヴィーズ	16866.3	96.3	15899.4	870.6	ラグアイラ
セント・ビンセントおよびグレナディーン諸島	16680.8	96.3	15899.4	685.0	ラグアイラ
アンギラ（英）	16920.3	96.3	15899.4	924.6	ラグアイラ
コロンビア	17025.3	96.3	15899.4	1029.6	ラグアイラ
ベネズエラ	15999.9	96.3	15899.4	4.1	ラグアイラ
ガイアナ	17051.6	96.3	15899.4	1055.9	ラグアイラ
スリナム	17388.7	96.3	15899.4	1393.0	ラグアイラ
仏領ギアナ	17552.5	96.3	15899.4	1556.7	ラグアイラ
エクアドル	17752.5	96.3	15899.4	1756.8	ラグアイラ
ペルー	17712.3	96.3	15225.3	2390.7	バルパライソ
ボリビア	24953.2	96.3	22594.4	2262.5	ブエノスアイレス
チリ	15425.0	96.3	15225.3	103.4	バルパライソ
ブラジル	23704.6	96.3	22674.0	934.3	サントス
パラグァイ	23740.0	96.3	22594.4	1049.3	ブエノスアイレス
ウルグァイ	22857.1	96.3	22594.4	166.4	ブエノスアイレス
アルゼンチン	22739.5	96.3	22594.4	48.8	ブエノスアイレス
フォークランド諸島（英）	24616.2	96.3	22594.4	1925.5	ブエノスアイレス
英領南極地域	20013.2	96.3	15534.6	4382.3	ケープタウン
モロッコ	18838.7	96.3	18662.6	79.7	カサブランカ
セウタおよびメリリア（西）	19418.7	96.3	18840.4	482.0	リスボン
アルジェリア	17653.3	96.3	17547.7	9.3	アルジェ
チュニジア	18278.9	96.3	17547.7	634.9	アルジェ
リビア	18661.1	96.3	17547.7	1017.1	アルジェ
エジプト	15306.4	96.3	15014.2	195.9	エルイスカンダリア
スーダン	16879.0	96.3	15014.2	1768.5	エルイスカンダリア
西サハラ	19931.9	96.3	19599.7	235.9	ラスパルマス
モーリタニア	20805.8	96.3	19599.7	1109.7	ラスパルマス

輸出国（地域）	輸送距離計	東京港〜東京湾口	東京湾口〜輸出港	輸出港〜輸出国首都	輸出港（仮定）
グリーンランド（デンマーク）	25628.2	96.3	21931.4	3600.5	コペンハーゲン
カナダ	20945.0	96.3	20386.8	461.9	モントリオール
サンピエールおよびミクロン	21913.7	96.3	20386.8	1430.5	モントリオール
アメリカ	18584.5	96.3	16929.1	1559.1	ニューオーリンズ
メキシコ	18508.4	96.3	16929.1	1482.9	ニューオーリンズ
グァテマラ	18574.1	96.3	15899.4	2578.4	ラグアイラ
ホンジュラス	18231.5	96.3	15899.4	2235.8	ラグアイラ
ベリーズ	18463.3	96.3	15899.4	2467.6	ラグアイラ
エルサルバドル	18433.5	96.3	15899.4	2437.8	ラグアイラ
ニカラグァ	18111.2	96.3	15899.4	2115.5	ラグアイラ
コスタリカ	17869.4	96.3	15899.4	1873.7	ラグアイラ
パナマ	17383.2	96.3	15899.4	1387.5	ラグアイラ
バミューダ（英）	19373.9	96.3	18186.6	1090.9	ニューヨーク
バハマ	17941.7	96.3	15899.4	1945.9	ラグアイラ
ジャマイカ	17334.5	96.3	15899.4	1338.8	ラグアイラ
タークスおよびカイコス諸島	17371.0	96.3	15899.4	1375.3	ラグアイラ
バルバドス	16840.1	96.3	15899.4	844.4	ラグアイラ
トリニダードトバコ	16589.5	96.3	15899.4	593.8	ラグアイラ
キューバ	18146.4	96.3	15899.4	2150.7	ラグアイラ
ハイチ	17050.8	96.3	15899.4	1055.0	ラグアイラ
ドミニカ共和国	16929.8	96.3	15899.4	934.0	ラグアイラ
プエルトリコ(米)	16816.7	96.3	15899.4	821.0	ラグアイラ
バージン諸島(米)	16843.1	96.3	15899.4	847.4	ラグアイラ
蘭領アンティール	16284.3	96.3	15899.4	288.6	ラグアイラ
仏領西インド諸島	16284.3	96.3	15899.4	288.6	ラグアイラ
ケイマン諸島(英)	17622.8	96.3	15899.4	1627.0	ラグアイラ
グレナダ	16586.8	96.3	15899.4	591.1	ラグアイラ
セント・ルシア	16746.0	96.3	15899.4	750.3	ラグアイラ
アンティグア・バーブーダ	16906.6	96.3	15899.4	910.9	ラグアイラ
英領バージン諸島	16843.1	96.3	15899.4	847.4	ラグアイラ
ドミニカ国	16589.5	96.3	15899.4	593.8	ラグアイラ

輸出国（地域）	輸送距離計	東京港～東京湾口	東京湾口～輸出港	輸出港～輸出国首都	輸出港（仮定）
スペイン	18291.1	96.3	17692.2	502.6	バルセロナ
ジブラルタル(英)	19418.7	96.3	18840.4	482.0	リスボン
イタリア	17245.2	96.3	16740.2	408.7	ジェノバ
マルタ	17896.2	96.3	16740.2	1059.7	ジェノバ
フィンランド	23571.8	96.3	23201.9	273.6	サンクトペテルブルク
ポーランド	22227.5	96.3	21379.5	751.7	ハンブルク
ロシア	23979.6	96.3	23201.9	681.4	サンクトペテルブルク
オーストリア	17560.3	96.3	16740.2	723.8	ジェノバ
ハンガリー	17700.4	96.3	16740.2	863.8	ジェノバ
ユーゴスラビア	16736.4	96.3	15832.7	807.3	ピレウス
アルバニア	16424.1	96.3	15832.7	495.0	ピレウス
ギリシャ	15938.6	96.3	15832.7	9.5	ピレウス
ルーマニア	16752.4	96.3	16210.6	445.5	イスタンブール
ブルガリア	16813.5	96.3	16210.6	506.7	イスタンブール
キプロス	15641.5	96.3	15014.2	531.1	エルイスカンダリア
トルコ	19783.6	96.3	16210.6	3476.8	イスタンブール
エストニア	23568.4	96.3	23201.9	270.2	サンクトペテルブルク
ラトビア	23764.5	96.3	23201.9	466.3	サンクトペテルブルク
リトアニア	23943.7	96.3	23201.9	645.5	サンクトペテルブルク
ウクライナ	24371.2	96.3	23201.9	1073.1	サンクトペテルブルク
ベラルーシ	23995.6	96.3	23201.9	697.4	サンクトペテルブルク
モルドヴァ	24747.9	96.3	23201.9	1449.8	サンクトペテルブルク
クロアチア	17420.7	96.3	16740.2	584.1	ジェノバ
スロベニア	17319.2	96.3	16740.2	482.7	ジェノバ
ボスニア・ヘルツェゴビナ	17604.9	96.3	16740.2	768.4	ジェノバ
マケドニア	16421.4	96.3	15832.7	492.3	ピレウス
チェコ	21958.4	96.3	21379.5	482.6	ハンブルク
スロバキア	17601.3	96.3	16740.2	764.8	ジェノバ

輸出国（地域）	輸送距離計	東京港～東京湾口	東京湾口～輸出港	輸出港～輸出国首都	輸出港（仮定）
イスラエル	15633.4	96.3	15014.2	522.9	エルイスカンダリア
ヨルダン	15702.7	96.3	15014.2	592.2	エルイスカンダリア
シリア	15767.9	96.3	15014.2	657.4	エルイスカンダリア
レバノン	15723.6	96.3	15014.2	613.1	エルイスカンダリア
アラブ首長国連邦	12013.6	96.3	11776.9	140.4	ドバイ
イエメン	13452.8	96.3	11776.9	1579.7	ドバイ
アゼルバイジャン	18062.5	96.3	16210.6	1755.6	イスタンブール
アルメニア	17618.8	96.3	16210.6	1311.9	イスタンブール
ウズベキスタン	19648.5	96.3	16210.6	3341.6	イスタンブール
カザフスタン	19716.8	96.3	16210.6	3409.9	イスタンブール
キルギス	20051.1	96.3	16210.6	3744.2	イスタンブール
タジキスタン	19691.0	96.3	16210.6	3384.1	イスタンブール
トルクメニスタン	18834.7	96.3	16210.6	2527.9	イスタンブール
グルジア	17638.7	96.3	16210.6	1331.8	イスタンブール
ヨルダン川西岸およびガザ	15633.4	96.3	15014.2	522.9	エルイスカンダリア
アイスランド	23658.1	96.3	21831.4	1730.4	オスロ
ノルウェー	21969.8	96.3	21831.4	42.1	オスロ
スエーデン	22230.7	96.3	21731.4	403.0	イエーテボリ
デンマーク	22034.1	96.3	21931.4	6.4	コペンハーゲン
イギリス	20664.1	96.3	20466.5	101.3	サザンプトン
アイルランド	20991.5	96.3	20466.5	428.7	サザンプトン
オランダ	21053.3	96.3	20905.4	51.6	ロッテルダム
ベルギー	21118.7	96.3	20905.4	117.0	ロッテルダム
ルクセンブルグ	21278.9	96.3	20905.4	277.2	ロッテルダム
フランス	20801.1	96.3	20510.9	193.9	ルアーブル
モナコ	16972.2	96.3	16740.2	135.7	ジェノバ
アンドラ	17943.2	96.3	17692.2	154.7	バルセロナ
ドイツ	21733.3	96.3	21379.5	257.5	ハンブルク
スイス	17144.2	96.3	16740.2	307.6	ジェノバ
アゾレス（葡）	20566.6	96.3	18840.4	1629.9	リスボン
ポルトガル	18953.8	96.3	18840.4	17.1	リスボン

〈参考表1〉各国から日本（東京港）までの輸送距離

（単位：km）

輸出国（地域）	輸送距離計	東京港～東京湾口	東京湾口～輸出港	輸出港～輸出国首都	輸出港（仮定）
韓国	1612.3	96.3	1185.3	330.8	釜山
北朝鮮	1808.5	96.3	1185.3	526.9	釜山
中国	3004.8	96.3	1853.9	1054.6	上海
台湾	2185.0	96.3	2065.0	23.7	基隆
モンゴル	4168.1	96.3	1853.9	2217.9	上海
香港	3172.4	96.3	3070.6	5.5	香港
ベトナム	6588.9	96.3	5472.7	1019.9	バンコク
タイ	5608.9	96.3	5472.7	39.9	バンコク
シンガポール	5428.8	96.3	5320.8	11.7	シンガポール
マレーシア	5735.7	96.3	5320.8	318.6	シンガポール
ブルネイ	4591.4	96.3	3246.6	1248.5	マニラ
フィリピン	3358.5	96.3	3246.6	15.6	マニラ
インドネシア	6451.5	96.3	6339.4	15.8	ジャカルタ
カンボジア	6081.7	96.3	5472.7	512.7	バンコク
ラオス	6135.8	96.3	5472.7	566.8	バンコク
ミャンマー	6174.2	96.3	5472.7	605.2	バンコク
インド	11159.4	96.3	9893.4	1169.7	ボンベイ
パキスタン	11665.2	96.3	9893.4	1675.5	ボンベイ
スリランカ	8410.8	96.3	8306.2	8.3	コロンボ
モルディブ	9364.4	96.3	8306.2	961.8	コロンボ
バングラデシュ	10320.2	96.3	8432.2	330.6	カルカッタ
東チモール	8666.1	96.3	6339.4	2230.4	ジャカルタ
マカオ	3172.4	96.3	3070.6	5.5	香港
アフガニスタン	11772.0	96.3	9893.4	1782.3	ボンベイ
ネパール	10748.1	96.3	8432.2	758.5	カルカッタ
ブータン	10668.8	96.3	8432.2	679.1	カルカッタ
イラン	13364.7	96.3	12260.2	1008.2	ラスタヌラ
イラク	13284.3	96.3	12260.2	927.7	ラスタヌラ
バーレーン	12436.8	96.3	12260.2	80.2	ラスタヌラ
サウジアラビア	12767.4	96.3	12260.2	410.9	ラスタヌラ
クウェート	12726.3	96.3	12260.2	369.8	ラスタヌラ
カタール	12256.6	96.3	11776.9	383.5	ドバイ
オマーン	12249.5	96.3	11776.9	376.4	ドバイ

文部科学省「小学生用食育教材――たのしい食事つながる食育」(2016年2月)
近藤惠津子『わたしと地球がつながる食農共育』(2006年10月，コモンズ)
国立天文台編『理科年表　平成29年』(2016年11月，丸善)
山下惣一『農から見た日本――ある農民作家の遺書』(2004年7月，清流出版)

〈参考・引用文献〉

中田哲也「食料の総輸入量・距離（フード・マイレージ）とその環境に及ぼす負荷に関する考察」（2003年12月，『農林水産政策研究』第5号）
中田哲也「日本の輸入食料のフード・マイレージの変化とその背景」（2011年12月，『フードシステム研究』第18巻3号）
中田哲也「『フード・マイレージ』を用いた地産地消の効果計測の試み――学校給食の現場から」（2005年7月，『フードシステム研究』第12巻1号）
中田哲也「フード・マイレージ指標を用いた地産地消の環境負荷削減効果の計測――伝統野菜等を用いた献立を事例として」（2010年12月，『フードシステム研究』第17巻3号）
中田哲也「フード・マイレージの食料政策への適用可能性に関する研究」（2012年3月，学位授与論文）
徳野貞雄『農村の幸せ，都会の幸せ』（2007年2月，生活人新書）
農林水産省「平成28年度 食料・農業・農村白書」，2017年5月
沖 大幹「世界の水危機，日本の水問題」（2003年7月修正版ホームページ）
「日本人のエコロジカル・フットプリント」（NPO法人エコロジカル・フットプリント・ジャパンのホームページ）
環境省「平成29年版　環境・循環型社会・生物多様性白書」，2017年6月
（独）農業環境技術研究所「わが国の食料供給システムにおける1980年代以降の窒素収支の変遷」（2003年度）
藤原 敬「持続可能な森林経営のための勉強部屋」（ウェブサイト）
谷口葉子，長谷川 浩「フードマイルズ試算とその意義」（2002年12月，日本有機農業学会『有機農業研究年報』Vol. 2）
A. Paxon（The S.A.F.E. Alliance）著，谷口葉子訳「フードマイルズ・レポート：食料の長距離輸送の危険性」（2001年3月，『神戸大学農業経済』第34号）
海上保安庁「距離表」（1995年6月，日本水路協会）
国土交通省「平成12年度における交通の動向」（2001年）
国土交通省「交通関係エネルギー要覧　平成13・14版」（2002年7月，財務省印刷局）
国土交通省「第7回全国貨物純流動調査（物流センサス）結果」（2002年6月）
シップ・アンド・オーシャン財団「平成12年度　船舶からの温室効果ガス（CO_2等）の排出削減に関する調査研究報告書」（2001年6月）

著者 中田哲也（なかた・てつや）

1960年、徳島県生まれ。

1982年、岡山大学農学部卒。同年、農林水産省入省。

2001年、農林水産政策研究所政策研究調整官。

2003年、関東農政局消費生活課長。

2005年、九州農政局 消費・安全部 消費生活課長。

2008年、北陸農政局 企画調整室長。

2010年から大臣官房統計部数理官。

2012年、千葉大学大学院園芸学研究科修了。博士（農学）。

ウェブサイト「フード・マイレージ資料室（ブログ、メルマガ等）」主宰 http://food-mileage.jp/

著書『食べ方で地球が変わる』（2007年7月、創森社、共著）、

『世界から飢餓を終わらせるための30の方法』（2012年4月、合同出版、共著）、

『フードシステム革新のニューウェーブ』（2016年4月、日本経済評論社、共著）

フード・マイレージ［新版］あなたの食が地球を変える
food mileage

発行日――2007年9月20日 第1版第1刷発行
2018年1月15日 新版第1刷発行

著者――中田哲也

発行者――串崎 浩

発行所――株式会社 日本評論社
〒170-8474 東京都豊島区南大塚3-12-4
電話 03-3987-8621（販売）
03-3987-8599（編集）

印刷――株式会社 精興社

製本――井上製本所

装丁――原田恵都子（Harada＋Harada）

JCOPY ＜（社）出版者著作権管理機構 委託出版物＞
本書の無断複写は著作権法上での例外を除き禁じられています．複写される場合は，そのつど事前に，（社）出版者著作権管理機構（電話 03-3513-6969，FAX 03-3513-6979，e-mail:info@jcopy.or.jp）の許諾を得てください．また，本書を代行業者等の第三者に依頼してスキャニング等の行為によりデジタル化することは，個人の家庭内の利用であっても，一切認められておりません．

©Tetsuya Nakata 2007,2018 ISBN 978-4-535-58713-7
Printed in Japan